U0394581

高等学校新工科计算机类专业
系列教材

数据库
课程设计

张红娟　金洁洁　匡芳君◎编著

西安电子科技大学出版社
http://www.xduph.com

内 容 简 介

　　本书系统介绍了基于事务处理的关系数据库系统的设计和实现。全书围绕案例"出版社管理系统",遵循数据库设计步骤,详细介绍了需求分析、概念结构设计、逻辑结构设计、物理结构设计和数据库实施的全过程以及各个过程的分析设计技巧。本书以 PowerDesigner 为数据库设计工具完成整个设计流程,以 SQL Server 为数据库服务器、IntelliJ IDEA 为集成开发环境,用 Java 开发实现了案例系统。

　　本书可作为计算机、信息管理等相关专业的数据库课程设计教材,也可作为其他数据库开发人员的参考书。

图书在版编目(CIP)数据

数据库课程设计/张红娟,金洁洁,匡芳君编著. —西安:西安电子科技大学出版社,
2019.8(2024.10 重印)
ISBN 978-7-5606-5424-9

Ⅰ. ①数… Ⅱ. ①张… ②金… ③匡… Ⅲ. ①数据库系统—课程设计—高等学校—教学参考资料 Ⅳ. ①TP311.13-41

中国版本图书馆 CIP 数据核字(2019)第 160359 号

策　　划　陈　婷　马乐惠
责任编辑　陈　婷
出版发行　西安电子科技大学出版社(西安市太白南路 2 号)
电　　话　(029)88202421　88201467　　邮　编　710071
网　　址　www.xduph.com　　　　　　电子邮箱　xdupfxb001@163.com
经　　销　新华书店
印刷单位　陕西日报印务有限公司
版　　次　2019 年 8 月第 1 版　　2024 年 10 月第 5 次印刷
开　　本　787 毫米×1092 毫米　1/16　印 张　10
字　　数　231 千字
定　　价　24.00 元
ISBN 978-7-5606-5424-9
XDUP 5726001-5
如有印装问题可调换

前　言

数据库技术从产生至今不到六十年的时间，不仅深入应用于计算机的各个领域，而且渗透到了人类生活的各个角落。

数据库设计是数据库应用系统成功的基石。目前为止，事务型处理系统仍是数据库应用系统的主要应用类型。从小型的事务处理系统到大型的网上商务系统，从决策支持系统到当前的"互联网+"、大数据的应用，一切都建立在数据库之上，都需要先进的数据库技术来保证系统的完整性、共享性和安全性。

本书在编排上，强调理论与应用的紧密联系，数据库设计的理论方法和技巧均结合案例加以说明。全书共 5 章。第 1 章是数据库设计中的一些基本概念，包括数据库应用软件模式结构、数据库设计的一般过程和数据库设计的常用方法，并初步介绍了全书使用的案例"出版社管理系统"。第 2 章是数据库设计的核心内容，围绕案例详细介绍了数据库设计的五个步骤。在需求分析阶段，提出了任务概述和需求说明，绘制了数据流图，编写了数据字典；在概念结构设计阶段，进行了局部 E-R 模型、全局 E-R 模型的设计；在逻辑结构设计阶段，完成了数据模型的映射、模式优化和用户子模式的设计；在物理结构设计阶段，设计了相应的存取方法和存储结构；在数据库实施阶段，建立了实际的数据库表，并设计了视图、存储过程和触发器。第 3 章首先介绍了目前比较流行的 CASE 工具 PowerDesigner，然后详细描述了采用 PowerDesigner 辅助"出版社管理系统"数据库设计的全过程。第 4 章是 SQL Server 数据库编程，除比较详细地介绍了 T-SQL 的程序设计基础知识，包括变量、运算符、流程控制、命令及函数，还结合案例介绍了存储过程和触发器的编程。第 5 章介绍了案例系统的实现，包括 Java 开发环境的配置、IntelliJ IDEA 的使用；以系统登录和人员管理模块为例，对数据库访问方法以及前端实现进行了详细讲解，并对系统中主要功能模块和通用功能进行了解析。

本书旨在通过详细地讲解一个案例的数据库设计全过程，使读者能全面地了解和掌握应用系统中数据库端的工作内容。为了便于教学使用，附录 A 中给出了 10 个精选案例，在课程设计等相关课程中，学生可以选择不同的案例分组完成；附录 B 是 SQL Server 2014 的安装与使用简介；附录 C 是 ODBC 与 JDBC 的介绍；附录 D 是 Java 开发环境的安装简介，供需要的读者选读。

本书由杭州电子科技大学的张红娟、金洁洁老师和温州商学院的匡芳君老师共同编写。张红娟和金洁洁负责全书的统稿和审核。张红娟执笔了第 1、3、4 章和附录 B，金洁洁执笔了第 2 章和附录 A，匡芳君执笔了第 5 章和附录 C、D。

感谢杭州电子科技大学的傅婷婷、陈大金、黄杰老师提出热心而又中肯的意见，感谢毛和强同学在书稿编写期间给予的热心帮助。

由于作者水平、经验有限，书中可能还存在不妥之处，敬请广大读者批评指正。作者的电子邮箱是：hjzhang@hdu.edu.cn

作　者

2019 年 5 月

目　　录

第 1 章　数据库设计基础

　　数据库技术是使用计算机管理数据的一门技术，是计算机科学中的一个重要分支。数据库作为所有信息系统的基础，正改变着很多企业、机构的运作方式，也改变着人们的生活习惯。使用数据库对数据进行管理是计算机应用的一个重要而广阔的领域。

　　数据库设计是指针对具体的应用对象或业务模型，构造合适的数据库模型，借助现有的数据库管理系统，建立基于数据库的应用系统或信息系统，以便有效地存储、提取和分析各种数据，满足各类用户的需求以及未来可能的需求。

　　数据库设计最主要的任务是设计数据结构和数据间的约束关系。数据库中的数据及其联系都是需要描述和定义的，这就是数据模型设计要完成的任务。合理的数据模型不仅会降低客户端和服务器端程序的编程与维护难度，而且能提高系统运行的性能。所以，在一个数据库系统开始实施之前，完备的数据模型设计是必需的。

　　本章首先介绍数据库和数据库设计的一些基本概念，然后简单介绍数据库设计中最常用的生命周期法和快速原型法，以及数据库设计的一般步骤，最后给出贯穿全书的数据库设计案例——"出版社管理系统"。需要指出的是，本章的内容是数据库设计的基础，如果读者已学习过数据库原理等相关知识，可以跳过本章。

1.1　数据库设计基本概念

　　数据库系统已经与人们的衣食住行密不可分。出门可以叫滴滴快车；买票可以登录 12306 网站或者支付宝购买；走到哪儿想吃饭了，打开大众点评或者口碑网查看周围的饭店和口碑；等等。所有的这一切，都是数据库在后台默默地支撑着。

　　人们在各种场合提起的"数据库"一词，可能表达的意思并不完全相同，有时是指管理数据库的软件，即数据库管理系统(Database Management System，简称 DBMS)；有时是指包含了数据库的应用系统；有时是指某个企事业单位中按照一定方式组织存储起来的数据集合。

　　一般地，数据库(Database，简称 DB)是指长期储存在计算机系统内的、有一定的组织结构的、可共享的数据集合，是相关数据的集合。数据由专门的管理软件统一管理、控制和维护，这个软件叫数据库管理系统。数据库应用程序是指与数据库发生交互的，面向用户的一组程序。数据库系统是指包含了数据库、数据库管理系统、数据库应用程序的计算机系统。

1.1.1 数据库应用模式

数据库应用系统的软件结构从单用户模式，到客户端/服务器端(Client/Server，简称 C/S)模式，再发展到浏览器/服务器(Browser/Server，简称 B/S)模式。虽然数据库设计与它所应用的模式或环境无关，但理解它的应用模式，可以帮助我们更好地理解数据库的作用和设计过程。

1. C/S 模式

在 C/S 环境下，用户通过应用程序与数据库打交道，可以在线(也叫联机)产生、修改和维护数据库中的信息。应用程序一般都由高级语言编写而成，比如 Visual Basic、Visual C++、PowerBuilder 等。一个中型出版社处理日常事务的数据库系统的 C/S 结构如图 1-1 所示。

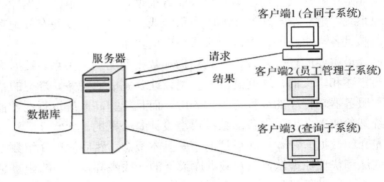

图 1-1　出版社管理系统 C/S 结构示意图

C/S 模式是从 20 世纪 90 年代开始，国内广泛应用的软件模式，由一个服务器(Server)与多个安装有应用程序的客户端(Client)组成。

在 C/S 系统中，数据库是存放在服务器上的，用户通过客户端应用程序提出数据请求后，数据库服务器不仅要检索出数据文件，而且要对数据文件进行操作，但只向用户发送查询的结果而不是整个文件。客户端应用程序根据用户的要求，对接收到的数据(查询的结果)做进一步的加工。

显然，在 C/S 系统中，网络上的数据传输量得到了显著的减少，从而提高了系统的性能。另一方面，客户端的硬件和软件平台也可多种多样，为应用带来了方便。

C/S 模式的优点有：

(1) 客户机拥有 CPU、硬盘、内存等资源，客户端和服务器端进行合理的分工协作，客户端完成与用户的交互、输入输出等；服务器端负责数据库建模，维护数据的安全性、完整性，接受客户端的访问请求，向客户端发送结果等。

(2) 网络上的数据传输量少，减少了网络拥堵。

(3) 用户可同时完成多项工作，提高了工作效率。

C/S 模式的缺点是用户的客户机上需要安装应用程序。客户机有几个应用，就需要安装几个应用程序，俗称"胖"客户机。这样不仅增加了客户端的使用难度，而且使得应用系统维护、升级的成本和工作量都很大。

2. B/S 模式

B/S 软件结构方式是基于互联网的一种分布式结构方式，一般由用户使用的浏览器、Web 服务器及数据库服务器三部分组成，其结构如图 1-2 所示。

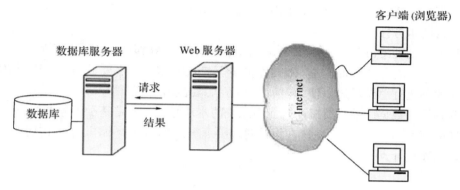

图 1-2　B/S 结构示意图

B/S 模式是从传统的 C/S 模式发展起来的软件结构模式。在客户端计算机上安装浏览器(如 IE、谷歌浏览器等)软件，在 Web 服务器上发布应用程序，浏览器通过网络访问 Web 服务器，进行信息浏览、文件传输和电子邮件收发等操作。这样减少了客户端的载荷，减轻了系统维护与升级的成本和工作量，降低了用户的总体成本。

B/S 模式的优点有：

(1) 客户端软件的安装和维护非常简单方便，只需要安装浏览器即可。

(2) 软件维护和升级均在服务器端完成，降低了数据库应用系统的开发成本。

(3) 用户可以在任何有 Internet 的地方，访问服务器上的应用软件和数据库。

在开发数据库应用系统前，首先要明确数据库的运行环境，包括用户将以何种方式访问数据库中的信息，是通过内部网络环境访问还是外部网络环境访问，用户可以执行何种操作等。

越来越多的公司和单位创建基于互联网的数据库应用，由于 Internet 本身没有提供任何安全机制，所以系统开发需要考虑整个系统和数据库的安全机制，包括用户认证、数据库授权、敏感信息加密、防火墙等。

1.1.2　数据库应用分类

事务(Transaction)是数据库操作的最小逻辑工作单元，它是一系列 SQL 操作的集合。比如，银行的转账业务，将钱从一个账户转到另外一个账户，就是一个事务，这个事务包括了对两个账户余额的判断以及更新操作，两个账户的更新操作要么都完成要么都不完成。每个事务的设计都要保证事务的执行能够保持数据库状态与现实世界原型一致，即数据库的一致性。例如，ATM 机取款事务会启动一个机器吐钱动作，并且在数据库中更新账户余额、增加一条取款记录。常见的事务有网上下单、信用卡刷卡、机票预订、出入境、大学生注册等。

企业活动就是由一个个事务构成的，越来越多的企业依靠在线的事务处理系统来进行各种商务活动。随着数据库中数据的增加，管理人员可以从一个或者多个数据库中找出商业活动的规律或者趋势，用来指导企业的管理决策。

联机事务处理(OnLine Transaction Processing，简称 OLTP)类型的应用系统主要侧重于用户对数据的创建、读取、更新、删除(Create、Read、Update、Delete，简称 CRUD)等操作，即日常的事务性操作。

联机分析处理(OnLine Analytic Processing，简称 OLAP)类型的应用系统侧重于对数据的分析、报告、预测等方面。这类数据库很少有 CRUD 操作，主要目的是尽快获取和分析数据，对业务进行总结反思以便为以后的业务决策提供依据。

在开始设计数据库前，要搞清楚应用系统的本质是什么，是基于事务性的应用还是基于分析性的应用。这两种应用系统在设计时需要遵循的规则有所不同。本书讲述的是 OLTP 类型的数据库设计。

1.2　数据库设计方法

广义地讲，数据库设计是数据库及其应用系统的设计，即整个数据库应用系统的设计。狭义地讲，数据库设计即设计数据库的各级模式并建立数据库，是数据库应用系统设计的一部分。

本书的数据库设计是指对于一个给定的应用环境，选择一种适合业务模型的特定的方法，构造最优的数据库概念模型、逻辑模型、物理模型，建立数据库，使之能够有效地存储和管理数据，并在整个应用系统开发项目中使用，以满足用户对信息的各种管理要求和操作要求。

数据库的设计与一般软件系统的设计相比，既有共性，又有特定的问题和解决方法。

数据库应用系统的开发属于大型软件系统开发，应遵循软件工程学的方法。数据库设计的方法有生命周期法、快速原型法、面向数据流的方法、面向数据结构的方法、面向对象的方法等，下面介绍常用的两种方法。

1.2.1　生命周期法

软件工程中把软件的生命周期划分为若干个相对独立的阶段，每个阶段完成一些确定的任务，交出最终的软件配置的一个或几个成果。基本上按顺序完成各阶段任务，在完成每个阶段的任务时采用结构化分析设计技术和适当的辅助工具(CASE 工具)。在每个阶段结束时都进行严格的技术审查和管理复审。

软件生命周期是指从软件的规划、研制、实现、投入运行后的维护，直到它被新的软件所取代而停止使用的整个期间。

相应的，数据库系统生命周期是指数据库应用系统从规划、设计、实现、维护到最后被新的系统取代而停止使用的整个期间。该生命周期也是软件工程的生命周期，如图 1-3 所示。

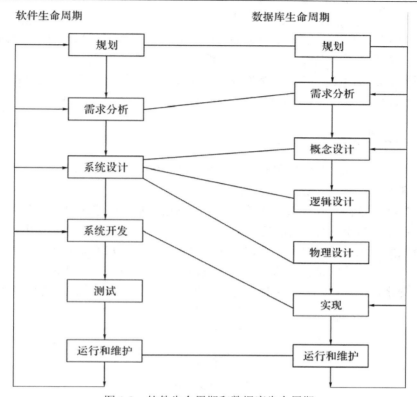

图 1-3　软件生命周期和数据库生命周期

数据库的生命周期可以细化为以下几个步骤：

(1) 需求分析：详细、准确地了解应用的业务模型，分析用户的需求，包括数据、功能和性能的需求。

(2) 概念结构设计：形成独立于操作系统和 DBMS 的信息模型，即概念结构。在关系数据库设计的方法学中，有两种概念模型的设计方法：一种是比较传统而规范的 E-R 模型(实体联系模型)法；另一种是统一建模语言(United Modeling Language，简称 UML)法。可以使用 E-R 模型或者 UML 中的类图来表示应用系统的概念结构。

(3) 逻辑结构设计：将概念结构转化为某 DBMS 支持的数据模型，比如关系数据模型、面向对象模型、NOSQL 模型等，并进行性能预测与优化，根据系统功能特点决定规范化和反规范化。

(4) 物理结构设计：选取最适合应用环境的物理结构，包括数据库环境、数据库物理存储方式、数据的存取路径等，完善数据库端的存储过程、触发器、函数等的设计。

(5) 数据库实施：需要编制数据库脚本程序，组织基础数据入库，实际运行数据库应用程序，执行对数据库的各种操作，测试应用程序的功能是否满足设计要求。如果不满足，则要修改、调整应用程序，直到达到设计要求为止。

(6) 数据库运行与维护：应用系统正式上线运行，但由于应用环境在不断变化，数据库运行过程中物理存储也会不断变化，因此对数据库进行评价、调整、修改是一个长期的任务。这个阶段数据库管理员(Database Administrator，简称 DBA)需要做的工作还包括数据库的转储和恢复、安全性和完整性控制、性能的监督分析以及数据库的重组与重构等。

数据库设计应该和应用系统设计相结合，在整个数据库设计过程中要把结构(数据)设计和行为(功能)设计紧密结合起来。但数据库设计不是系统功能设计，分析系统功能只是为了使设计的数据模型能支持这些功能的实现。

生命周期法是目前最规范、最成熟的一种数据库设计方法，其优点是结构严谨、工程管理规范、运行环境相对稳定，但它的开发过程复杂、研制周期长、系统运行维护费用高。

1.2.2　快速原型法

为了弥补生命周期法开发过程复杂、研制周期长的不足，人们经过大量的研究，提出了快速原型开发方法，也叫敏捷开发方法。

快速原型法是指在获取一组基本的需求和业务模型后，快速地建立一个满足用户基本要求的目标系统的原型系统，并把它交给用户试用，用户在试用过程中做出反应和评价，开发者再对原型系统加以改进。反复进行这个过程，直到用户满意为止。

快速原型法最重要的目标是通过持续不断地及早交付有价值的软件来使客户满意。欣然面对需求变化，即使在开发后期也一样。快速原型法的开发过程如图 1-4 所示。

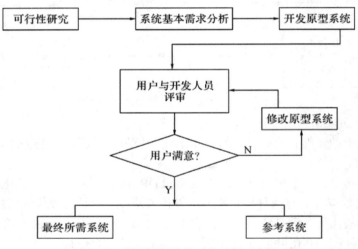

图 1-4　快速原型法的开发过程示意图

快速原型法适合小型的、数据库结构比较明确的应用系统。在数据库结构没有确定的情况下，就进行代码设计，此后对数据库的修改会造成数据处理程序和用户界面的大量修改，反而会增加开发工作量，拖延开发进程。

生命周期法是面向工程的；快速原型法是面向用户的。

1.3　数据库课程设计的要求

数据库设计是软件工程设计的一部分，跟软件工程一样，一般都需要同事之间的相互合作完成。为了锻炼学生的团队合作能力，数据库课程设计大多采用小组形式模拟进行。

第一步，分组并选题。

　　明确小组成员及其分工，确定课程设计项目选题，了解项目应用的行业背景，明确课程设计报告编写目的、课程设计报告的组织等内容。

　　对学生来说，由于缺乏项目背景知识，对大部分领域的项目都缺少了解，所以在选题时要选择相对了解的或者通过查阅资料等能够了解的项目，否则后面的需求分析会比较困难。

　　第二步，项目需求分析。

　　需求分析包括项目的数据库规划、应用系统的定义、需求收集和分析等工作，是运用面谈、提问、跟班作业、查阅用户工作档案等方法来收集项目的需求和用户喜好等信息的形式化处理过程。需求可分为数据需求和事务需求(功能)。

　　此阶段会产出多种文档。每个公司或者项目组都会对项目需求分析提出很明细的但不完全相同的文档要求说明，但一般都会包括以下几个部分：

　　(1) 任务概述，即对项目的简单描述，说明项目背景，清楚地定义数据库设计的任务陈述，确定任务目标。

　　(2) 系统详细需求说明。

　　(3) 数据流图(Data Flow Diagram，简称 DFD)。

　　(4) 数据字典。

　　在需求分析阶段，还需要对物理设计涉及的内容进行需求或者规划，比如数据库初始化大小的估算、数据库增长速度的预测、记录查找的类型和平均数量、网络和共享访问需求、安全性要求、备份和恢复策略等。

　　第三步，概念结构设计。

　　数据库设计最困难的一个方面，就是设计人员、程序员和最终用户理解并使用数据的方式会不同。为了能够准确理解并表达出数据的本质，需要使用三方都能理解并准确表达客观需求的模型，一般选择 E-R 模型法或者 UML 建模语言。

　　本阶段将输出项目对应系统的各个子系统的描述和分 E-R 图，以及分 E-R 图的说明，最后集成总体 E-R 图。

　　第四步，逻辑结构设计。

　　逻辑结构设计前，需要明确系统开发所用的数据库管理系统所支持的数据模型(比如网状的、关系的、面向对象的、NOSQL、NewSQL 等)。在本书中，逻辑设计是基于关系模型的，也就是设计系统的表结构。

　　逻辑结构设计包括将 E-R 模型(或者 UML 图)转化为关系模式(表结构)、子模式(视图)的设计以及关系的规范化和反规范化几个步骤，输出关系模式、视图、关系优化。

　　第五步，物理结构设计与实施。

　　该步确定如何将逻辑数据模型(关系、属性和约束等)转换为目标 DBMS 可以实现的物理数据库，输出能够在存储设备上实现的 SQL 语句描述，包括基本表、实现业务逻辑的存储过程、触发器和函数、文件组织方式、用于数据访问的索引、完整性约束、安全性控制等。

　　第六步，加载数据库测试数据并进行各种方法的测试。

　　第七步，数据库应用系统的实现。

数据库应用系统实现包括数据查询操作、数据更新操作、数据库维护操作等。

本书的后续章节将对第二、三、四、五步进行详细的介绍。

1.4　本书案例介绍

从第 2 章数据库设计过程的介绍，到第 3 章使用 PowerDesigner 进行数据库的设计，到最后系统实现，本书都将围绕案例"出版社管理系统"进行。

出版社管理系统主要应用于各个出版社的日常工作，涉及出版社的内部员工、图书、作者、合同、图书出版、图书销售等管理，主要功能包括签订图书出版合同、图书印刷、图书入库、图书销售、图书加印等。出版社工作人员可以使用该系统对出版的图书、作者、商家等进行管理；出版社相关领导可以对出版社出版的图书情况进行查询统计，了解市场情况，为制定和修改图书出版方面的政策提供依据。

详细的需求说明可参照第 2 章。

1.5　本 章 小 结

数据库是某个企业、组织或部门所涉及的数据的综合，它不仅反映数据本身的内容，而且反映数据之间的联系。在数据库中，用数据模型来抽象、表示、处理现实世界中的数据和信息。从设计方法学的角度来说，数据库设计是指利用现有的数据库管理系统，针对具体的应用对象，构造合适的数据库模式，建立基于数据库的应用系统或信息系统，以便有效地存储、提取和分析数据，满足各类用户的需求。

本章主要介绍了数据库设计的基本概念、基本方法，给出了一般高校"数据库课程设计"这门课的课程要求供读者参考，另外还对贯穿全书的案例"出版社管理系统"进行了简单的背景介绍。

事务型数据库有如下的特点：满足数据库的存储需求并尽可能减少冗余，包括联机数据和脱机数据；便于用户访问，具有安全性保护，整体性能合理，易于管理。

读者可将软件工程的原理和方法应用到数据库设计中，由于数据库设计技术具有很强的实践性和经验性，应多在实践中加以应用。

第 2 章 数 据 库 设 计

　　数据库应用系统的设计是一项综合运用计算机软硬件技术，同时结合应用领域知识及管理技术在内的系统工程。它不是某个设计人员凭个人经验或技巧就可以完成的，要遵循一定的规律、按步骤实施才可以设计出符合实际要求、实现预期功能的系统，其中的核心问题是数据库的设计。本章主要介绍数据库设计的基本步骤和方法。

2.1　数据库设计概述

2.1.1　数据库设计的基本任务

　　数据库设计通过设计反映现实世界信息需求的概念数据模型，并将其转换成逻辑模型和物理模型，最终建立为现实世界服务的数据库。因此，数据库设计的基本任务就是根据用户的信息需求、处理需求和数据库的支撑环境(包括 DBMS、操作系统和硬件)，设计一个结构合理、使用方便、效率较高的数据库。

2.1.2　数据库设计的方法与步骤

　　数据库应用系统作为一种软件系统，其设计开发应该遵循软件工程的规范。按照软件工程的系统生命周期的思想，数据库应用系统的设计主要包括以下几个阶段：

　　(1) 系统定义和需求分析阶段。在用户调查的基础上，通过分析，逐步明确用户对系统的需求，包括数据需求和围绕这些数据的业务处理需求，定义系统的应用范围和边界，确定系统的功能要求、性能要求、输入/输出要求和数据处理要求等。

　　(2) 数据库设计和应用软件设计阶段。数据库设计的核心就是根据需求分析的结果，设计数据库的结构，包括概念结构设计、逻辑结构设计和物理结构设计；而应用软件设计，包括概要设计和详细设计，其设计目的是实现软件的各项功能，包括访问数据库、实现系统的各类需求、提供用户的操作界面等。

　　(3) 系统实现阶段。包括数据库实施和软件编码实现。数据库实施是设计人员运用DBMS 所提供的数据语言(如 SQL)以及数据库开发工具，根据逻辑结构设计和物理结构设计的结果建立数据库，装入实际数据并试运行。

　　(4) 系统测试和确认阶段。对新系统软件和数据库进行测试，经用户确认后投入实际运行。

　　(5) 系统运行和维护阶段。将新系统投入实际运行，并在运行过程中对系统进行监控，不断地进行调整和完善。

　　本书将以出版社管理系统为例，对该管理系统的需求进行分析，根据需求设计出其概念模型、逻辑结构模型以及物理模型，最后对数据库的实施与维护情况进行介绍。

2.2　需求分析

　　任何软件系统的设计开发，都首先要进行需求分析，尽可能详细地了解和分析用户的需求及业务流程，包括掌握系统所要处理的数据的输入、输出和加工的详细情况，明确系统的用途和目标，确定系统的功能要求、性能要求、运行环境要求和将来可能的扩充要求等。需求分析的工作由系统设计人员与用户合作完成，其结果需要经过双方确认。需求分析的结果是数据库设计和应用软件设计的基础，也是将来系统确定和验收的依据。按照软件工程规范，需求分析的结果将形成文档——需求规格说明书，对其中的数据需求部分还要求用数据流图和数据字典加以详细描述。下面将以图书出版社为例，分析其基本功能，进行出版社管理系统的需求分析。

2.2.1　任务概述

　　出版社管理系统主要应用于各出版社的日常工作，方便出版社对员工、图书、图书出版、图书印刷、图书销售等进行管理，为制定图书出版相关政策提供决策依据。

2.2.2　需求说明

　　出版社管理系统主要被应用于各个出版社的日常工作，涉及出版社的内部员工、图书、作者、图书销售等的管理。该系统的用户是出版社工作人员及相关领导。出版社工作人员使用本系统可以对出版的图书、书的作者、商家等进行管理，包括图书合同签订、图书出版、图书订购、图书入库、稿费发放等工作。出版社相关领导可以对出版社出版的图书情况进行查询统计，了解市场情况，同时也可以为制定和修改图书出版方面的政策提供依据。

　　出版社的主要业务流程是：编辑与作者约稿后申请出书。书稿定稿后，责任编辑填好图书印制单，同时提交图书出版合同，报总编或分管领导审核，签字后的图书印制通知单提交到印制科，办理有关的印刷手续。印制科将样书送到印刷厂进行图书印刷。印刷厂完成印刷后，将新书存入到出版社书库。商家需要购书时，需提交采购清单，由销售部门的工作人员对清单中涉及的书的库存信息进行查询，如果书库里有货，那么开具出库单，书库管理员可以根据出库单出货；如果书库里书的数量不足，那么提交加印单给主管领导。领导审批通过后，印制科根据加印单进行印刷，印刷完成后，提交入库单给书库管理员，并通知销售人员可以供货了，销售人员可以继续后续的销售工作。

　　参照目标系统的业务流程，根据各类功能相对独立的原则进行组合，初步确定本系统的功能结构, 如图 2-1 所示。

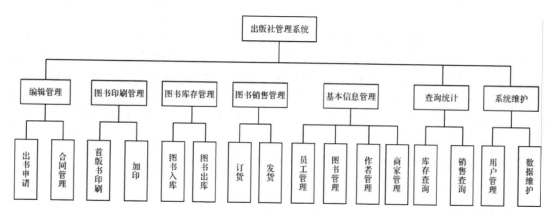

图 2-1 出版社管理系统功能结构图

下面对系统的各功能需求分别进行说明。

1. 编辑管理

1) 出书申请

编辑部工作人员与作者约稿商议后填写出书申请单, 然后将申请单提交编辑部主管进行审核, 审核通过后可进入后续环节。

2) 合同管理

编辑部工作人员可以添加和管理已签订的图书出版合同信息, 可以根据不同的条件查询相关合同信息。

2. 图书印刷管理

1) 首版书印刷

责任编辑填好图书首印申请单, 同时提交图书出版合同, 报总编或分管领导审核, 签字后的图书首印申请单发送到印制科办理有关的印刷手续。首版书要提交印刷清样、清样胶片、封面打印样及胶片。印制科登记后, 将相关材料拿到印刷厂进行图书印制。

2) 加印

图书库存不足以销售时, 由销售人员提交图书加印申请单, 报总编或分管领导审核, 通过后发到印制科办理印刷手续。当图书库存量低于最低库存量时, 由书库管理员提交图书加印单, 并进行后续审批工作。

3. 图书库存管理

1) 图书入库

图书印好后, 运送到出版社书库, 需填写图书入库单, 由书库管理员核实数据后进行图书入库。根据书的不同类型将入库的图书放置在不同的区域内, 以便查找。

2) 图书出库

图书被订购后, 依据图书出库单从书库中提取图书, 并修改图书库存信息。如果库存量低于最低库存量, 书库管理员需要填写缺货登记表, 并提交加印申请单。

4. 图书销售管理

1) 订货

图书经销商向出版社提交订货单，销售人员查询订货单上所需书籍的库存情况，如果库存充足，则填写图书出库单；如果库存不足，则需要填写缺货登记表，并提交加印申请单，主管领导审核通过后，提交印制科进行图书加印。系统将保存交易的全部信息，包括订单号、订单日期、订货商家编号、发货日期、数量、付款方式等。图书销售给不同的经销商时，可以有不同的折扣，出版社可自行设置折扣规则，或者双方商量决定。

2) 发货

销售人员根据出库单进行图书发货，并填写发货登记表和发货单。

5. 基本信息管理

1) 员工管理

对出版社的所有员工信息进行管理，主要记录员工的编号、姓名、性别、所属岗位、进公司的时间等信息。

2) 图书管理

对本出版社出版的图书信息进行管理，主要记录图书的编号、书名、类型、单价、所属出版社、出版时间、作者、版税等信息。每本图书只能由一个出版社出版，根据书号进行区分。每本图书可以有 1 至 4 名作者(authors)，作者有编号、姓名、性别、省、市、地址、电话、邮编、E-mail，作者在图书署名上有先后排序。

3) 作者管理

对在本出版社出版过书籍或者签订过图书出版合同的作者信息进行管理，主要记录作者的编号、姓名、电话、联系地址、所在省(自治区)、所在城市、邮编、邮箱等信息。一位作者可以编写多本书籍。

4) 商家管理

出版社对订购图书的商家进行编号，并对其信息进行管理，主要记录商家的编号、名称、联系地址、联系人、电话、所在省(自治区)、所在城市、邮编等信息。

6. 查询统计

1) 库存查询统计

可以根据图书编号查询统计该书的库存情况，也可以根据书的类型查询统计不同类型书的库存情况。

2) 销售查询统计

可以根据图书编号查询统计该书的销售情况；可以根据书的类型查询统计不同类型书的销售情况；可以根据时间段查询该时间段内的销售情况；可以根据商家查询该商家的订购情况；可以根据作者查询该作者所编书籍的销售情况。

7. 系统维护

1) 用户管理

完成用户的创建、撤销和权限分配。本系统有两类用户，一类是出版社工作人员，具有对出版社相关事务的操作权限；另一类是出版社管理人员，对出版社出版的图书情况、销售情况进行查询统计，以了解和掌控出版社的出版、发行和销售情况。

2) 数据维护

包括数据库的备份、历史数据的整理等。为简化起见，本书不涉及对系统维护模块的进一步设计和实现。

2.2.3 数据流图

在需求说明的基础上，为了更清晰、直观地表达系统对数据的需求，通常采用数据流图和数据字典。

在数据流图中，有四种基本符号：正方形(或立方体)表示数据的源点或终点；圆角矩形(或圆形)代表数据的处理；开口矩形(或两条平行横线)代表数据存储；箭头表示数据流，即特定数据的流动方向。具体符号如图 2-2 所示。在画数据流图时，应该描绘所有可能的数据流向，而不应该描绘出现某个数据流的条件，所以不要试图在数据流图中表现分支条件或循环。

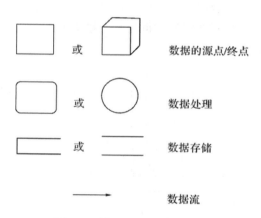

图 2-2 数据流图的四种符号

数据处理并不一定是一个程序。一个处理框可以代表一系列程序、单个程序或者程序的一个模块，它甚至可以代表人工处理过程。一个数据存储也并不等同于一个文件，它可以表示一个文件、文件的一部分、数据库的元素或记录的一部分等。数据存储和数据流都是数据，仅仅是所处的状态不同。数据存储是处于静止状态的数据，数据流是处于运动中的数据。

通常，在数据流图中忽略出错处理，也不包括诸如打开或关闭文件之类的内务处理。数据流图的基本要点是描绘"做什么"，而不考虑"怎么做"。

数据流图中每个成分的命名是否恰当，直接影响数据流图的可理解性。因此，给这些成分起名字时应该仔细推敲。

一个简单的系统可用一张数据流图来表示。当系统比较复杂时，为了便于理解，控制其复杂程度，可以采用分层描述的方法。一般用第一层描述系统的全貌，第二层分别描述各子系统的结构。如果系统结构还是比较复杂，那么可以继续细化，直到表达清楚为止。在处理功能逐步分解的同时，它们所用的数据也逐级分解，形成若干层次的数据流图，如图 2-3 所示。图中共有 3 层，从上至下分别为 0 层数据流图、1 层数据流图、2 层数据流图。

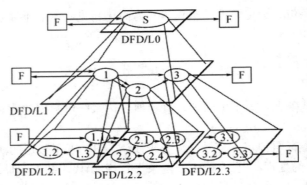

图 2-3　数据流图层次结构图

1. 0 层数据流图

0 层数据流图也称为顶层数据流图。可以将需要实现的系统看作一个整体，重点关注数据来源、数据终点，以及与系统间的数据流转。根据前面的需求分析，得到出版社管理系统的 0 层数据流图，如图 2-4 所示。

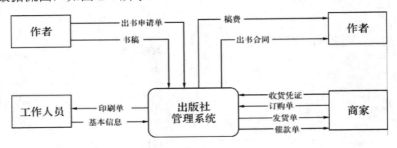

图 2-4　0 层数据流图

2. 1 层数据流图

对系统进行细化，得到 1 层数据流图。如图 2-5 所示，出版社管理系统主要包括编辑管理、印刷管理、库存管理、销售管理、基本信息管理这几大主要处理环节。

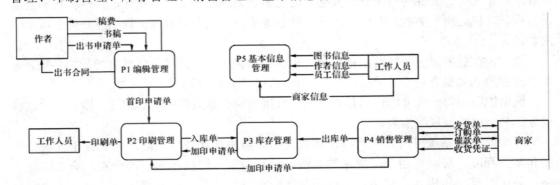

图 2-5　1 层数据流图

3. 2 层数据流图

根据需求分析,对每一个处理环节进行细化,得到更加细化的 2 层数据流图。图 2-6 是编辑管理的数据流图。作者可以填写出书申请单,交由出版社编辑部审核,也可以由出版社编辑部向某位作者约稿。编辑部会根据作者情况及目前已出版的图书情况,对出书申请单进行审核,审核通过后会跟作者签订出书合同,约定交稿时间及版税,并将相应信息记录到图书出版合同登记表中。作者完成书稿后,将书稿提交编辑部进行审稿,审核后的书稿经过定稿处理(书稿由出版社先出清样,再由作者核对后定稿)后,开具首印申请单,交由印制科进行后续的图书印刷工作,同时根据出版合同计算稿费,将约定的稿费支付给作者。

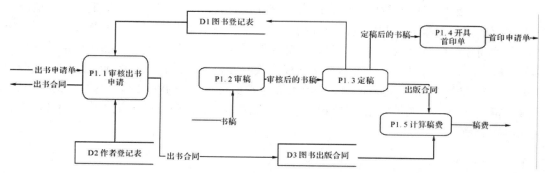

图 2-6　2 层数据流图(编辑管理)

图 2-7 是印刷管理的数据流图。印制科将收到不同类型的印刷申请,如果是首印申请单,则根据图书出版合同进行申请单的审核;如果是加印申请单,则根据缺货情况进行申请单的审核。审核通过后,印制科开具印刷单,并将本次印刷情况记录到印刷登记表中,然后由专门的印刷机构按印刷单要求进行印刷。印刷完成后,印制科人员填写入库单,交给书库管理员进行图书入库工作。

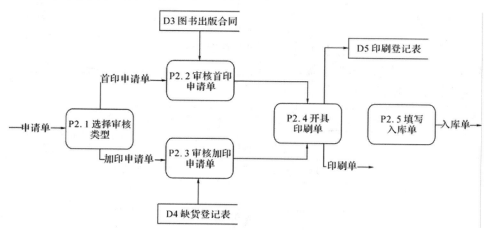

图 2-7　2 层数据流图(印刷管理)

图 2-8 是库存管理的数据流图。书库管理员收到入库单后,根据入库单清点图书并完成入库工作,修改图书库存信息。当书库管理员收到出库单时,则根据出库单完成图书出库工作,同时修改图书库存信息。当图书库存量小于最低库存量时,还需要填写缺货登记表。

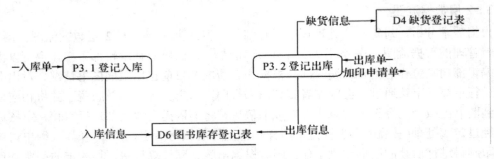

图 2-8　2 层数据流图(库存管理)

图 2-9 是销售管理的数据流图。商家提交订购单后,销售部工作人员根据商家情况、图书库存情况和往年的订购情况,对订购单进行审核。如果发现商家有欠款情况,则发出催款单给商家,缴清余款后才予以订购。如果图书库存量不足,则提交加印申请单,由印制科进行审核。订购单审核通过后,将向商家收取预付款,并将交易情况记录到订购登记表中,根据预付款凭证填写出库单,交给书库管理员进行图书出库工作。商家收到货物后,出具收货凭证,销售人员根据该凭证向商家收取尾款,并修改订购登记表中的付款状态,完成本次交易。

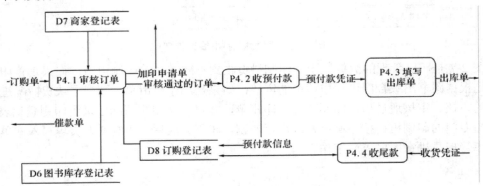

图 2-9　2 层数据流图(销售管理)

图 2-10 是基本信息管理数据流图,对员工信息、图书信息、作者信息和商家信息进行添加、修改、删除的管理工作。

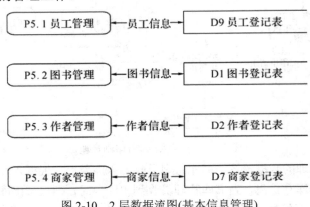

图 2-10　2 层数据流图(基本信息管理)

图 2-11 是查询统计数据流图。图中主要体现了库存查询和销售查询的情况，其他员工查询、图书查询、作者查询和商家查询情况类似，就不在图中一一画出了。

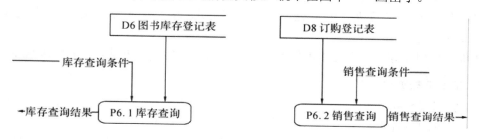

图 2-11 2 层数据流图(查询统计管理)

4. 3 层数据流图

由于销售管理的审核过程比较复杂，因此，可以对图 2-9 所示的数据流图进行再细化，得到销售管理的 3 层数据流图，如图 2-12 所示。

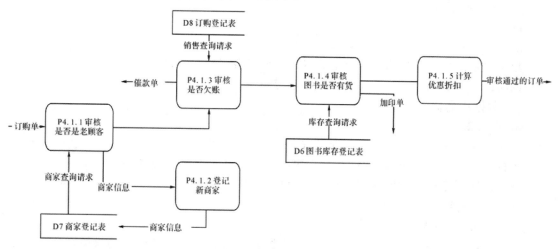

图 2-12 3 层数据流图(审核订单)

2.2.4 数据字典

数据字典是对系统中数据的详细描述，是各类数据结构和属性的清单。它与数据流图互为注释，没有数据字典，数据流图就不严格；没有数据流图，数据字典也难以发挥作用。一般来说，数据字典通常包含下列 5 部分内容：

(1) 数据项。数据项是数据的最小单位，其具体内容包括数据项名、含义说明、别名、类型、长度、取值范围以及与其他数据项的关系。

(2) 数据结构(即数据元素)。数据结构是有意义的数据项集合，内容包括数据结构名和含义说明。

(3) 数据流。数据流可以是数据项，也可以是数据结构，它表示某一处理过程中数据在系统内传输的路径，内容包括数据流名、说明、流出过程和流入过程。其中，流出过程说明数据流从什么处理过程而来；流入过程说明该数据要流到什么处理过程去。

（4）数据存储。数据存储是数据的存放场所，也是数据流的来源和去向之一，内容包括数据存储名、说明、输入数据流、输出数据流。

（5）数据处理。数据处理包括处理过程名、说明、输入(数据流)、输出(数据流)和处理的简要说明。

下面，将对上述数据流图中的主要数据流、数据存储和数据处理进行详细地定义。

1. 主要的数据流定义

（1）数据流名称：出书合同。

位置：P1.1→作者。

定义：合同编号＋作者姓名＋签订时间＋签订人姓名＋交稿时间＋首印数量＋付款方式＋版税＋备注。

数据流量：平均流量为每月传输 50 次，高峰期流量每天传输 10 次。

说明：出版社与作者签订出书合同，记录出书的基本信息。

（2）数据流名称：首印申请单。

位置：P2.1→P2.2。

定义：编号＋图书编号＋首印数量＋经办人＋申请时间。

数据流量：平均流量为每月传输 50 次，高峰期流量每天传输 10 次。

说明：图书定稿后首次印刷时提交给领导审核。

（3）数据流名称：加印申请单。

位置：P2.1→P2.2。

定义：编号＋图书编号＋加印数量＋经办人＋申请时间。

数据流量：平均流量为每月传输 50 次，高峰期流量每天传输 10 次。

说明：图书定稿后加印时提交给领导审核。

（4）数据流名称：订购单。

位置：商家→P4.1。

定义：编号＋图书编号＋订购时间＋总数量＋总价＋商家名称＋销售员姓名＋联系电话＋预付款＋折扣＋是否已结清＋送货地址。

数据流量：平均流量为每月传输 100 次，高峰期流量每天传输 50 次。

说明：商家订购图书时提交的订购详情。

（5）数据流名称：入库信息。

位置：P3.1→D6。

定义：编号＋图书编号＋入库数量＋入库时间＋经办人姓名。

数据流量：平均流量为每月传输 50 次，高峰期流量每天传输 35 次。

说明：图书印刷好后，存入仓库时需要记录的信息。

（6）数据流名称：出库信息。

位置：P3.2→D6。

定义：编号＋图书编号＋出库数量＋出库时间＋经办人姓名。

数据流量：平均流量为每月传输 50 次，高峰期流量每天传输 10 次。

说明：图书出库时，需要记录的详细信息。

(7) 数据流名称：缺货信息。

位置：P3.2→D4。

定义：编号 + 图书编号 + 目前库存数量 + 缺货数量。

数据流量：平均流量为每月传输 50 次，高峰期流量每天传输 10 次。

说明：图书库存量低于最低库存值时，记录相应的缺货信息。

(8) 数据流名称：员工信息。

位置：P5.1→D9。

定义：员工编号 + 姓名 + 性别 + 出生年月 + 入职日期 + 部门名称 + 所在省(自治区) + 所在城市 + 联系地址 + 联系电话 + 邮编 + 邮箱。

数据流量：平均流量为每年传输 100 次，高峰期流量每天传输 10 次。

说明：根据员工情况建立或修改员工记录。

(9) 数据流名称：图书信息。

位置：P5.2→D1。

定义：图书编号 + 书名 + 单价 + 作者姓名 + 最新版次 + 图书类型 + 总字数 + 总印数。

数据流量：平均流量为每月传输 1000 次，高峰期流量每天传输 100 次。

说明：根据图书信息建立图书记录。

(10) 数据流名称：作者信息。

位置：P5.3→D2。

定义：作者信息 = 编号 + 作者姓名 + 性别 + 所在省(自治区) + 所在城市 + 联系地址 + 邮编 + 邮箱 + 联系电话。

数据流量：平均流量为每月传输 500 次，高峰期流量每天传输 50 次。

说明：根据作者信息建立作者记录。

(11) 数据流名称：商家信息。

位置：P5.4→D7。

定义：商家信息 = 商家编号 + 商家名称 + 联系人姓名 + 所在省(自治区) + 所在城市 + 联系地址 + 邮编 + 邮箱 + 联系电话。

数据流量：平均流量为每月传输 100 次，高峰期流量每天传输 10 次。

说明：根据商家信息建立商家记录。

(12) 数据流名称：库存查询请求。

位置：P4.1.4→D6。

定义：库存查询请求 = 图书编号 | 书名 | 作者名 + 版次。

数据流量：平均流量为每月传输 5000 次，高峰期流量每天传输 300 次。

说明：通过图书编号、书名、作者名及版次信息，查询书库中图书的库存情况，其中书名可以模糊查询。

2. 主要的数据存储

(1) 数据存储编号：D1。

数据存储名称：图书登记表。

输入：P1.3，P5.2。

输出：P1.1，P5.2。

数据结构：图书登记表＝图书编号＋书名＋单价＋作者编号＋最新版次＋图书类型＋总字数＋首印数量＋总印数。

数据量和存取频度：数据量为 250 000 条；存取频度为每天 1000 次。

存取方式：联机处理，检索和更新，以随机检索为主。

说明：编号具有唯一性和非空性。

(2) 数据存储编号：D2。

数据存储名称：作者登记表。

输入：P5.3。

输出：P1.1，P5.3。

数据结构：作者登记表＝编号＋作者姓名＋性别＋所在省(自治区)＋所在城市＋联系地址＋邮编＋邮箱。

数据量和存取频度：数据量为 50 000 条；存取频度为每天 100 次。

存取方式：联机处理，检索和更新，以随机检索为主。

说明：编号具有唯一性和非空性。

(3) 数据存储编号：D3。

数据存储名称：图书出版合同。

输入：P1.1。

输出：P1.5，P2.2。

数据结构：图书出版合同＝合同编号＋图书编号＋签订时间＋签订人＋作者姓名＋联系电话＋交稿时间＋首印数量＋付款方式＋版税＋备注。

数据量和存取频度：数据量为 250 000 条；存取频度为每天 100 次。

存取方式：联机处理，以检索为主。

说明：编号具有唯一性和非空性。

(4) 数据存储编号：D6。

数据存储名称：图书库存登记表。

输入：P3.1，P3.2。

输出：P4.1.4，P6.1。

数据结构：图书库存登记表＝图书编号＋书名＋最新版次＋库存数量＋操作类型＋操作时间。

数据量和存取频度：数据量为 250 000 条；存取频度为每天 500 次。

存取方式：联机处理，以检索和更新为主。

说明：编号具有唯一性和非空性，操作类型只能是"入库"或者"出库"，操作时间为"入库时间"或"出库时间"。

(5) 数据存储编号：D7。

数据存储名称：商家登记表。

输入：P4.1.1，P5.4。

输出：P4.1.2，P5.4。

数据结构：商家登记表＝商家编号＋商家名称＋联系人姓名＋所在省(自治区)＋所在

城市 + 联系地址 + 邮编 + 邮箱 + 联系电话。

数据量和存取频度：数据量为 1500 条；存取频度为每天 20 次。

存取方式：联机处理，检索和更新，以随机检索为主。

说明：编号具有唯一性和非空性。

(6) 数据存储编号：D8。

数据存储名称：订购登记表。

输入：P4.2，P4.4。

输出：P4.1，P6.2。

数据结构：订购登记表 = 编号 + 商家名称 + 联系人姓名 + 联系电话 + 图书编号 + 数量 + 预付款 + 尾款是否结清 + 折扣。

数据量和存取频度：数据量为 15 000 条；存取频度为每天 100 次。

存取方式：联机处理，以更新为主，随机检索。

说明：编号具有唯一性和非空性。

(7) 数据存储编号：D9。

数据存储名称：员工登记表。

输入：P5.1。

输出：P5.1。

数据结构：员工登记表 = 员工编号 + 姓名 + 性别 + 出生年月 + 入职日期 + 部门编号 + 所在省(自治区) + 所在城市 + 联系地址 + 联系电话 + 邮编 + 邮箱。

数据量和存取频度：数据量为 1000 条；存取频度为每天 20 次。

存取方式：联机处理，检索和更新，以随机检索为主。

说明：编号具有唯一性和非空性。

3. 主要的数据处理

(1) 处理过程编号：P1.1。

处理过程名：审核出书申请。

输入：出书申请单，D1，D2。

输出：D3。

处理说明：根据出书申请单，结合作者的情况和目前已有的图书情况，对将要出版的书籍进行审核，审核通过就可以与作者签订出书合同。

(2) 处理过程编号：P3.1。

处理过程名：登记入库。

输入：入库单。

输出：D6。

处理说明：将入库单中的图书信息记录到图书库存登记表中。

(3) 处理过程编号：P3.2。

处理过程名：登记出库。

输入：出库单。

输出：D4，D6。

处理说明：根据出库单中的要求进行图书出库操作，主要是在图书库存登记表中修改相应图书的库存量。如果修改后的库存量低于该图书的最低库存量，则产生缺货信息并填写缺货登记表。

(4) 处理过程编号：P4.4。

处理过程名：收尾款。

输入：收货凭证，D8。

输出：D8。

处理说明：从订购登记表中获取该商家的订购信息，结合收货凭证向商家收取尾款，并将订购登记表中是否结清的状态修改为已结清。

(5) 处理过程编号：P6.1。

处理过程名：库存查询。

输入：库存查询请求，D6。

输出：库存查询结果。

处理说明：根据库存查询请求的条件，查询图书库存登记表，并将查询结果返回给工作人员。

2.3　概念结构设计

在概念结构设计阶段，主要采用实体联系模型 E-R 图表示数据库的概念结构。这一阶段的设计工作是在前面需求分析的基础上，根据数据流图和数据字典的内容，将所涉及的数据元素归纳、抽象为一个个的实体集以及实体集之间的联系(一对一、一对多或者多对多)。一般地，我们将静态数据对象或者逻辑上具有独立意义的概念抽象为实体集，例如图书、作者、商家、订购单、图书合同等。

关系数据模型由数据结构、数据操作和完整性约束组成。对于数据库设计来说，最重要的工作是设计数据结构，即数据模式。数据库的概念模式独立于具体的 DBMS，是数据库高层的数据结构。概念结构设计是数据库设计中最重要的阶段。数据库概念结构设计通常可以分为两步，第一步是局部概念结构设计，将各部分的数据流图分别转化为局部 E-R 图；第二步是全局概念结构设计，将各局部 E-R 图通过消除冲突和冗余，合并为一个整体。

2.3.1　局部 E-R 模型设计

在进行局部 E-R 模型(即分 E-R 图)设计的时候，首先需要根据系统的具体情况，在多层的数据流图中选择一个适当层次的数据流图作为设计分 E-R 图的出发点，并让数据流图中的每一部分都对应一个局部应用。选好局部应用后，就可以对每个局部应用逐一设计分 E-R 图了。

在"出版社管理系统"实例中，设计分 E-R 图的出发点可以选择在第 2 层的数据流图。针对该层中的每一个局部应用分别设计 E-R 模型。

1) 编辑管理

编辑管理主要包括作者、图书、图书类型、图书合同之间的关系。一个作者可以编写多本图书，一本图书可以有多个作者，故作者与图书之间是多对多的关系。一种类型的图书包括很多图书，一本图书也可以属于多种图书类型，比如，一本图书可以属于"计算机"类型，也可以属于"教材"类型，因此图书和图书类型之间是多对多的关系。每本图书签订一份合同。根据上述描述，可以得到编辑管理的分 E-R 图，如图 2-13 所示。

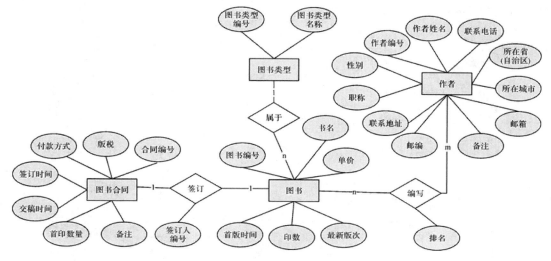

图 2-13　编辑管理分 E-R 图

2）印刷管理

印刷管理包括图书、印刷以及当图书缺货时的印刷关系。一本图书可以多次印刷，每一次印刷动作只能对应一本图书。一本图书有可能多次缺货，每一次缺货对应一次加印动作。根据描述，可以画出印刷管理的分 E-R 图，如图 2-14 所示。

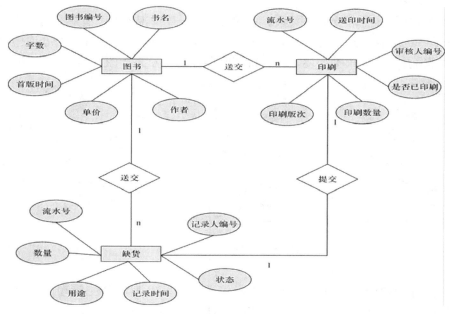

图 2-14　印刷管理分 E-R 图

3) 销售管理

销售管理包括图书与商家之间的关系。一个商家可以多次签订订购单，每份订购单只对应一个商家。一份订购单中可以包含多本图书，一本图书可以被多份订购单所订购。一份订购单对应一份收款情况，一份收款情况对应一份订购单。根据上述描述，可以得到销售管理的分 E-R 图，如图 2-15 所示。

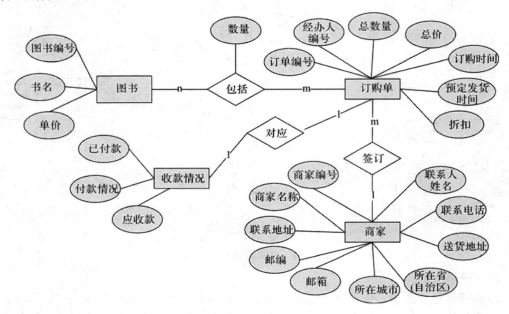

图 2-15　销售管理分 E-R 图

4) 库存管理

库存管理包括图书和仓库的关系。不同公司的仓库情况不同，有些只有一个仓库，有些有多个仓库(房间)。本例中的仓库只有一个，即所有的图书都放在一个仓库中。图书的出库入库都需要记录。根据描述，可以得到库存管理的分 E-R 图，如图 2-16 所示。

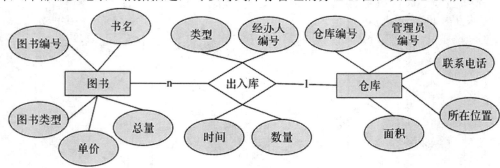

图 2-16　库存管理分 E-R 图

5) 基本信息管理

基本信息管理中包括图书管理、作者管理、商家管理和员工管理，图书、作者与商家之间的关系在其他局部 E-R 图中均有体现，故图 2-17 主要是体现员工管理的分 E-R 图。

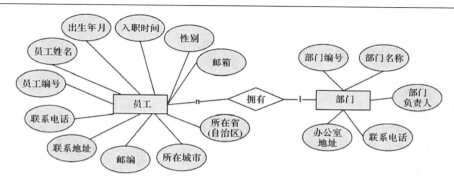

图 2-17　员工管理分 E-R 图

2.3.2　全局 E-R 模型设计

局部 E-R 模型设计完成之后，下一步就是将它们集成起来，形成全局 E-R 模型。集成的方法有两种：一种是多个局部 E-R 图一次集成；另一种是逐步集成，用累加的方法一次集成两个局部 E-R 图。无论采用哪种方法，在每次集成时，都要分两步进行。首先，合并E-R 图，解决各分 E-R 图之间的冲突问题，并将各分 E-R 图合并起来生成初步 E-R 图；然后，修改和重构初步 E-R 图，消除初步 E-R 图中不必要的实体集冗余和联系冗余，得到基本 E-R 图。

分 E-R 图之间的冲突主要有三类：属性冲突、命名冲突和结构冲突。

1）属性冲突

属性冲突主要有两种情况。

① 属性域冲突：属性值的类型、取值范围或取值集合不同。例如年龄，有的可能用出生年月表示，有的用整数表示。

② 属性的取值单位冲突。例如销售商品的单价，有的以克作为计量单价，有的以千克作为计量单价。

属性的冲突属于用户业务上的约定，必须与用户协商后解决。

2）命名冲突

命名冲突有两种。

① 同名异义冲突：同一名字的对象在不同的局部应用中有不同的意义。

② 异名同义冲突：同一意义的对象在不同的局部应用中有不同的名字。

命名冲突的解决方法与属性冲突相同，也需要与用户协商后加以解决。在本例中，编辑管理 E-R 图中图书的属性有一项为"印数"，在库存管理 E-R 图中图书的属性有一项为"总量"，这两个属性就是异名同义，都表示图书当前数量的意思，因此在合并时可以考虑称该属性为"当前量"。

3）结构冲突

(1) 同一对象在不同的局部应用中有不同的抽象，可能是实体，也可能是属性。例如，医院的病房，在某一局部应用中被当作实体，而在另一局部应用中被当作属性。

解决这类冲突，就是使同一对象在不同的应用中具有相同的抽象，都是实体或者都是属性，但必须以符合应用需求为前提。

(2) 同一实体在不同分 E-R 图中的属性组成不一致，可能是属性个数或是属性次序不同。

这类冲突的解决办法是合并各分 E-R 图中同名实体的属性，再适当调整属性次序，使之兼顾到各类应用。

(3) 实体之间的联系在不同的分 E-R 图中呈现出不同的类型。例如，E1 和 E2 在某一应用中可能是一对一的联系，而在另一应用中可能是一对多或者多对多的联系。

在解决这类冲突时，应根据应用的语义对实体联系的类型进行综合或调整。

在上述各分 E-R 图中，存在着以下 3 个结构冲突：

(1) 在编辑管理分 E-R 图(图 2-13)中，"图书类型"是一个实体，而在库存管理分 E-R 图(图 2-16)中，"图书类型"是一个属性。根据实际业务需要，应将"图书类型"作为一个实体，故而合并后应去掉"图书"中的"图书类型"属性。

(2) 在编辑管理分 E-R 图(图 2-13)中，"作者"是一个实体，而在印刷管理分 E-R 图(图 2-14)中，"作者"是"图书"的一个属性。根据实际业务需要，应该将"作者"作为一个实体，故而合并后应去掉"图书"实体中的"作者"属性。

(3) 实体"图书"在不同的应用中的属性组成不同，合并后的"图书"实体属性为各分 E-R 图中"图书"的属性的并集。故"图书"实体应具有的属性有：图书编号、书名、单价、字数、首版时间、最新版次、当前量。

合并后形成的是初步 E-R 图，图中可能存在冗余的数据和实体间冗余的联系。冗余的数据是指可由基本数据导出的数据，冗余的联系是指可由其他联系导出的联系。冗余的存在容易破坏数据库的完整性，给数据库的维护增加困难，应当消除。消除了冗余的初步 E-R 图就称为基本 E-R 图。

图 2-18 是合并后经过整合得到的全局基本 E-R 图。由于图片过大，故在图 2-18 中主要体现各实体集及其联系。

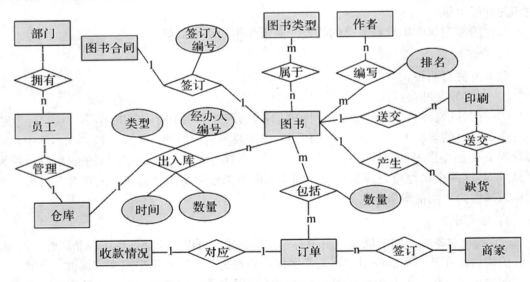

图 2-18　全局基本 E-R 图(各实体集及其联系)

2.4　逻辑结构设计

概念结构独立于任何一种数据模型，它也不为任何一个 DBMS 所支持。逻辑结构设计的任务就是把概念结构转换成某个具体的 DBMS 所支持的数据模型。

通常把概念模型向逻辑模型的转换过程分为两步进行：

(1) 把概念结构转换成特定 DBMS 所支持的数据模型；

(2) 对转换得到的数据模型进行优化。

根据这两个步骤，在全局 E-R 模型的基础上将得到相应的逻辑结构模型。

2.4.1　数据模型映射

目前，市场上使用的 DBMS 大部分都是基于关系数据模型的，因此本书设计的逻辑模型和物理模型都基于关系数据模型。数据模型映射的第一步就是将 E-R 模型转化为关系模型(即关系模式)。

由 E-R 模型向关系模式转换的一般规律如下：

(1) 将 E-R 模型中的每一个实体集均转换成一个关系模式，关系的属性由对应的实体集的属性组成。关系的码即对应实体集的码。

(2) E-R 模型中的一对一联系，可以在任意一方的关系中，加入另外一方的码来表达。

(3) E-R 模型中的一对多联系，需要在多方实体集转换的关系中，加入一方实体集的码来表达。

(4) E-R 模型中的多对多联系，必须增加一个结联表来进行表达，该结联表的属性除了原来联系的属性之外，还必须加入相关实体集的码属性。一般情况下，该关系的码由相关实体集的码的集合组成(复合码)。

根据上述转换规则，将图 2-18 所示的 E-R 模型进行转换，可得到如下关系模式：

(1) 图书(<u>图书编号</u>，书名，单价，字数，首版时间，最新版次，当前量，所在仓库)。

(2) 作者(<u>作者编号</u>，作者姓名，作者性别，作者职称，联系电话，所在省，所在城市，邮编，联系地址，邮箱)。

(3) 图书合同(<u>合同编号</u>，图书编号，作者编号，签订时间，签订人编号，交稿时间，首印数量，版税，付款方式，备注)。

(4) 员工(<u>员工编号</u>，登录密码，员工姓名，性别，出生年月，入职时间，所在省，所在城市，邮编，联系地址，联系电话，邮箱，所属部门)。因为员工登录系统时需要设置登录密码，故增加"登录密码"这个属性。

(5) 部门(<u>部门编号</u>，部门名称，负责人编号，联系电话，办公室地址)。

(6) 图书类型(<u>图书类型编号</u>、图书类型名称)。

(7) 图书类型对应(<u>编号</u>、类型编号、图书编号)。

(8) 仓库(<u>仓库编号</u>，负责人编号，联系电话，所在位置，面积)。

(9) 商家(<u>商家编号</u>，商家名称，登录密码，联系人姓名，联系电话，所在省，所在城市，邮编，联系地址，邮箱，送货地址)。

　　(10) 编著(图书编号，作者编号，排名)。

　　(11) 印刷(流水号，图书编号，送印时间，印刷数量，印刷版次，审核人编号，是否已印刷，缺货单流水号)。

　　(12) 出入库(仓库编号，图书编号，类型，时间，数量，经办人编号)，其中"类型"取值：1 入库；2 出口；3 报损；4 报溢。

　　(13) 订购单(订单编号，商家编号，经办人编号，订购时间，总数量，总价，折扣)。

　　(14) 订单详情(订单编号，图书编号，总数量)。

　　(15) 缺货记录(流水号，图书编号，数量，用途，记录人编号，记录时间，状态)，其中"状态"取值：0 该缺货情况未解决(默认值)；1 已解决。

　　(16) 收款情况(流水号，订单号，应收款，已付款，付款情况)，其中"付款情况"分为：1 未付(默认值)，2 部分付(对应"已付款"<"应收款")，0 已付清(对应"已付款"="应收款")。

　　注：以上关系模式中，下划线表示关系的主码。

2.4.2　模式优化

　　上述得到的逻辑模式为初始关系模式，还需要进行一定的优化，消除模式中存在的各种异常，改善完整性、一致性和存储效率。优化主要采用以下两个步骤。

　　1) 确定范式级别

　　考查关系模式的函数依赖关系是否存在部分函数依赖、传递函数依赖等，确定范式等级。

　　在本例中，以关系模式"图书(图书编号，书名，单价，字数，图书类型，首版时间，最新版次，当前量，所在仓库)"为例。在该关系模式中，码是图书编号，存在的函数依赖有{图书编号→书名，图书编号→单价，图书编号→字数，图书编号→图书类型，图书编号→首版时间，图书编号→最新版次，图书编号→当前量，图书编号→所在仓库}，除了图书编号这个主属性之外，其他所有的非主属性都完全依赖并且非传递函数依赖于码，故该关系模式已满足第三范式(3NF)要求。

　　对每一个通过映射转换而来的关系模式都要进行分析，从而确定其范式等级。

　　2) 实施规范化处理

　　确定范式级别后，利用规范化理论对关系模式进行规范化处理。一般情况下，关系模式需要满足 3NF 要求。对不满足 3NF 的关系模式，要去除非主属性对主属性的部分函数依赖和传递函数依赖，使其达到 3NF 要求。

　　出入库和订单详情这两个关系模式，经过分析，虽然已达到 3NF 要求，但为了存储的方便，分别增加流水号属性，并将流水号属性作为主码。修改后的结果为：

　　　　出入库(流水号，仓库编号，图书编号，类型，时间，数量，经办人编号)。

　　　　订单详情(流水号，订单编号，图书编号，总数量)。

　　规范化是为了降低数据库中数据的冗余度，确保数据的一致性和完整性。比如客户表中的地区，设计时可以把地区另外存放到一个地区表中，保证数据库的完整性。但规范化程度越高，表跟表之间的关联关系越复杂，查询时需要从多个表中进行连接查询，查询效率会降低。例如，在"收款情况"关系模式中，可以增加"商家编号"这个属性，从而可以仅通过一次连接操作即可快速地看到商家情况，而规范化设计中需要连接"订购单"后再连接"商家"才能看到商家信息。所以在设计时，需要根据业务需求，对频繁进行连接查询的表适当地增加冗余属性，减少表的连接，提高查询速度，这就是"反规范化"设计。

2.4.3 用户子模式的设计

用户子模式在数据库中对应的对象即为视图，设计用户子模式时只需要考虑用户对数据的使用要求、习惯以及安全性要求。

根据业务需求，设计了以下几个子模式：

(1) 主管人员查看员工的个人情况及所在部门的情况。主管人员可以查看员工的编号、姓名、性别、入职时间、所在省、联系电话、所在部门名，该部门人员总数、部门负责人姓名。

(2) 仓库管理员查看图书的库存情况。仓库管理员可以查看图书编号、书名、第一作者、最新版次、库存量。

(3) 销售主管查看每种类型的图书的销售情况。销售主管可以查看图书编号、图书名称、图书类型、第一作者、图书销售数量、销售总额。

在实际应用中，可以根据不同的角色，设计不同的子模式。

2.5 物理结构设计

物理结构设计阶段主要是选取一个适合应用环境的物理结构。数据库的物理结构指的是数据库在物理设备上的存储结构和存取方法，它依赖于给定的计算机系统。

2.5.1 关系模式存取方法的选择

关系数据库中常用的存取方法有索引存取方法、聚簇存取方法等。

1) 索引存取方法的选择

选择索引存取方法实际上就是根据应用要求确定对关系的哪些属性列建立索引，哪些属性列建立组合索引，哪些属性列建立唯一索引等。选择索引的基本原则是：如果一个属性或一组属性经常在查询条件中出现，则考虑在这个属性或这组属性上建立索引或组合索引；如果一个属性或一组属性经常在连接操作的连接条件中出现，则可以考虑在这个属性或这组属性上建立索引。

在建立组合索引时，将唯一性好的属性放在前面，可以提高检索效率。

关系中数据越多，索引的优越性也就越明显，建立多个索引可以缩短存取时间。但是关系上定义的索引数要适当，并不是越多越好，索引文件会多占用存储空间，并且会增加维护的开销。尤其是在更新频率很高的关系上定义的索引，数量不能太多，因为更新一个关系时，必须对这个关系上的有关索引做相应的修改，维护代价较大。

2) 聚簇存取方法的选择

为了提高某个属性或是属性组的查询速度，把这个属性或属性组上具有相同值的元组集中存放在连续的物理块上，这种处理称为聚簇，这个属性或者属性组称为聚簇码。

一个数据库可以建立多个聚簇，但一个关系只能建立一个聚簇。

本例中，可以选择在图书编号、作者编号、图书合同编号等字段上建立聚簇。

2.5.2　确定数据库的存储结构

在设计数据库的存储结构时，通常会从存取时间、存储空间利用率和维护代价这三个方面来考虑，而这三个方面常常相互矛盾，需要进行权衡，选择一个折中方案。

通常，为了提高系统性能，应根据应用情况将数据的易变部分和稳定部分、经常存取部分和存取频率较低的部分分开存放。如果有多个磁盘的计算机，可以采用以下几种存取位置的分配策略：

(1) 将表和索引放在不同的磁盘上；

(2) 将比较大的表分别放在两个磁盘上，以加快存取速度；

(3) 将日志文件、备份文件与数据库对象放在不同的磁盘上。

假设，数据库服务器有 4 个磁盘，针对本例，图书表、出入库表、订购表比较大，所以在物理设计时可以考虑将这些表放在不同的磁盘上，另外，日志文件可以单独放在一个磁盘上。

数据库的初始大小也是物理设计时需要考虑的一个方面。初始大小可以根据系统原始数据(原系统数据大小或者需要录入的数据的大小)来估算。以图书表为例，表中的每一条记录大约占用 70 个字节，如果出版社出版过的图书有 10 000 册，则图书表的初始大小应该至少为 684 KB。每个表都依次估算，最后得到的总和为该数据库的初始大小，大约为 100 MB 左右。

2.6　数据库实施

2.6.1　建立实际数据库结构

在数据库实现和应用中，数据库对象等都应该使用英文名称。在数据库设计时，应该确定一组数据库对象的命名标准，大部分 DBMS 支持的数据库对象包括表、列(属性)、视图、索引、约束、用户自定义数据类型、用户自定义函数、触发器、存储过程。SQL Server 还有文件组和规则，Oracle 有数据库链接和集群等。在合理的范围内，数据库对象名应尽可能具有描述性。比如在每个表名的前面加上数据库名称缩写及下划线，每个存储过程前面加上 ap_ 等等。为了案例的简便性，表名直接用英文表达，列名用带上表名缩写的小驼峰式表达。本案例所建立的实际数据库表结构见表 2-1～表 2-16。

(1) 基本信息类。

表 2-1　部门表(Departments)

属性中文名称	编码	数据类型	约束说明
部门编号	deptNO	2 位数字字符串	Key
部门名称	deptTitle	10 位字符串	Not Null
负责人编号	deptManager	5 位数字字符串	Foreign Key，参照员工表
联系电话	deptTelephone	13 位数字字符串	
办公室地址	deptAddress	50 位变长字符串	

表 2-2　员工表(Employee)

属性中文名称	编码	数据类型	约束说明
员工编号	empNo	5 位数字字符串	Key，前 2 位为部门号
员工姓名	empName	10 位字符串	Not Null
登录密码	empPwd	40 位字符串	
性别	empSex	布尔型	Not Null，1：男；0：女
出生年月	empBirthday	日期型	
入职时间	empEntrytime	日期型	小于出生年月
所在省	empProvince	20 位字符串	
所在城市	empCity	20 位字符串	
邮编	empZip	6 位数字字符串	
联系地址	empAdress	50 位变长字符串	
联系电话	empTelephone	13 位数字字符串	Not Null
邮箱	empEmail	50 位变长字符串	
所属部门	deptNo	2 位数字字符串	Foreign Key，参照部门表

表 2-3　图书表(Books)

属性中文名称	编码	数据类型	约束说明
图书编号	bkNo	5 位数字字符串	Key
书名	bkTitle	30 位字符串	Not Null
单价	bkPrice	数值型	Not Null
字数	bkWords	整型	单位为"千字"
首版时间	bkFirstTime	日期型	
最新版次	bkLastNumber	短整型	1，2，3…，默认值 1
当前量	bkPrtQty	数值型	0～100 000，默认值为 0
所在仓库	whNo	2 位字符串	Foreign Key，参照仓库表

表 2-4　作者表(Authors)

属性中文名称	编码	数据类型	约束说明
作者编号	auNo	6 位字符串	
作者姓名	auName	50 位字符串	Not Null
作者性别	auSex	布尔型	Not Null，默认值 1：男
作者职称	auTitle	10 位字符串	
联系电话	auTelephone	13 位数字字符串	Not Null
所在省	auProvince	10 位字符串	
所在城市	auCity	10 位字符串	
邮编	auZip	6 位数字字符串	
联系地址	auAddress	50 位变长字符串	
邮箱	auEmail	50 位变长字符串	
备注	auRemark	最大变长字符串	

表 2-5　图书合同(Contracts)

属性中文名称	编码	数据类型	约束说明
合同编号	conNo	11 位数字字符串	Key 前 8 位表示日期，后 3 位表示序号
图书编号	bkNo	5 位数字字符串	Foreign Key
签订时间	conTime	日期型	Not Null
作者编号	auNo	6 位字符串	Foreign Key
签订人编号	empNo	5 位数字字符串	Foreign Key
交稿时间	delTime	日期型	Null
首印数量	conNumber	0～10000 的整型	默认值 2000
版税	conRoyalty	0～50 的整型	默认值 8，表示 8%
付款方式	conPay	短整型	1：销售完付全款；2：印刷后即付全款；3：销售和印刷后各付一半版税，默认值 1
备注	conRemark	变长字符串	

表 2-6　图书类型(Types)

属性中文名称	编码	数据类型	约束说明
类型编号	typeNo	2 位数字字符串	Key
类型名称	typeTitle	50 位数字字符串	
备注	typeRemark	最大变长字符串	

表 2-7　仓库(Warehouse)

属性中文名称	编码	数据类型	约束说明
仓库编号	whNo	2 位字符串	Key
负责人编号	empNo	5 位字符串	Foreign Key
联系电话	whTelephone	13 位数字字符串	
所在位置	whAddress	50 位字符串	
面积	whArea	数值型	单位：平方米
备注	whRemark	最大变长字符串	

表 2-8　商家表(Sellers)

属性中文名称	编码	数据类型	约束说明
商家编号	selNo	5 位数字字符串	Key
商家名称	selTitle	40 位字符串	Not Null
登录密码	selPwd	40 位字符串	
联系人姓名	selName	20 位字符串	Not Null
联系电话	selTelephone	13 位数字字符串	Not Null
所在省	selProvince	20 位字符串	
所在城市	selCity	20 位字符串	
邮编	selZip	6 位数字字符串	
联系地址	selAdress	50 位变长字符串	
邮箱	selEmail	50 位变长字符串	
送货地址	selDeliAddress	50 位变长字符串	
备注	selRemark	最大变长字符串	

(2) 联系类表。

表 2-9　编著(Authored)

属性中文名称	编码	数据类型	约束说明
图书编号	bkNo	5 位数字字符串	Foreign Key
作者编号	auNo	6 位字符串	Foreign Key
排名	auOrder	短整型	Not Null，默认值 1

表 2-10　印刷(Print)

属性中文名称	编码	数据类型	约束说明
流水号	prtID	整型，自动增长	Not Null，Key
图书编号	bkNo	5 位数字字符串	Foreign Key
送印时间	prtTime	日期型	Not Null，默认值当天
印刷数量	prtQuantity	整型	Not Null，默认值 2000

属性中文名称	编码	数据类型	约束说明
印刷版次	prtNumber	短整型	1，2，3…，默认值 1
审核人编号	empNo	5 位字符串	Foreign Key
是否已印刷	prtState	位类型	0：需要印刷，1：已经入库
备注	prtRemark	最大变长字符串	

表 2-11　图书类型对应(BookType)

属性中文名称	编码	数据类型	约束说明
编号	btId	整型，自动增长	Key
类型编号	tpyeNo	2 位数字字符串	Foreign Key
图书编号	bkNo	5 位数字字符串	Foreign Key

(3) 业务类表。

表 2-12　出入库(InoutWH)

属性中文名称	编码	数据类型	约束说明
流水号	ioId	整型，自动增长	Not Null，Key
仓库编号	whNo	2 位字符串	Foreign Key
图书编号	bkNo	5 位数字字符串	Foreign Key
类型	ioType	1 位数字字符串	1：入库；2：出库；3：报损；4：报溢
时间	ioTime	日期型	默认值当天
数量	ioQuantity	整型	Not null
经办人编号	empNo	5 位字符串	Foreign key
备注	prtRemark	最大变长字符串	

表 2-13　订购单(Orders)

属性中文名称	编码	数据类型	约束说明
订单编号	ordNo	11 位字符串	Key，前 8 位为日期，后 3 位为当天编号
商家编号	selNo	5 位字符串	Foreign Key
经办人编号	empNo	5 位字符串	Foreign Key
订购时间	ordTime	日期时间型	默认值当天
预定发货时间	ordSendtime	日期	大于订购时间
总数量	ordQuantity	整型	Not Null，默认值 0
总价	ordPayment	数值型	Not Null，默认值 0
折扣	ordDiscount	0～1 的数值型	默认值 0.9
备注	prtRemark	最大变长字符串	

表 2-14 订单详情(OrderDetails)

属性中文名称	编码	数据类型	约束说明
流水号	odId	整型，自动增长	Not Null，Key
订单编号	ordNo	11 位字符串	Key&Foreign key，参照订购单表
图书编号	bkNo	5 位字符串	Foreign Key
数量	odQuantity	整型	Not Null，默认值 0

表 2-15 收款情况(Accounts)

属性中文名称	编码	数据类型	约束说明
流水号	accId	整型，自动增长	Key
订单编号	ordNo	11 位字符串	Key&Foreign Key
商家编号	selNo	5 位字符串	Foreign Key
应收款	ordPayment	数值型	Not Null，默认值 0
已付款	accPayment	数值型	Not null，默认值 0
付款情况	ordTap	1 位字符串	1：未付；2：部分付；0：已付清。默认值 1
备注	prtRemark	最大变长字符串	

说明：应付款是由订购单中的总价和折扣计算而得到的，付款情况由触发器自动修改状态。

表 2-16 缺货记录(OutOfStock)

属性中文名称	编码	数据类型	约束说明
流水号	oosId	整型，自动增长	Not Null，Key
图书编号	bkNo	5 位字符串	Foreign Key
数量	oosQuantity	整型	Not Null 默认值 0
记录人编号	empNo	5 位数字字符串	如果缺货记录是自动产生的，则编号为 0
记录时间	oosTime	日期时间型	默认为当天
用途	oosUse	最大变长字符串	
状态	oosState	1 位字符串	0：未解决；1：已解决。默认值 0

2.6.2　装入数据

初始数据的装入有两种方式，一种是通过 DBMS 提供的数据转换工具，先将原系统中的表转换成新系统中的相同结构的临时表，再将这些临时表中的数据分类、转换，综合成符合新系统的数据模式，插入相应的表中；另一种，如果原有系统是人工数据处理系统，那么就需要手工处理数据的输入，在输入过程中，应保证数据输入的质量。

2.6.3　设计视图

根据前面子模式的设计，可以有如下视图：

(1) 个人及所在部门情况视图。该视图体现的信息包括员工的编号、姓名、性别、入职时间、所在省、联系电话、所在部门名、该部门人员总数、部门负责人姓名。

(2) 所有图书的库存情况。该视图体现的信息包括图书编号、书名、第一作者、最新版次、当前量。

(3) 所有图书的销售情况。该视图体现的信息包括图书编号、图书名称、图书类型、第一作者、图书销售数量、销售总额。

2.6.4　设计存储过程和触发器

1) 存储过程

存储过程是由一组 SQL 语句组成的，预先编译后存储在数据库中，可供前台应用程序多次调用。使用存储过程既能方便软件开发，又能减少解释执行 SQL 语句时句法分析和查询优化的时间，提高效率。下面介绍案例的几个存储过程，具体编程实现见第 4 章。

(1) 按图书编号查看库存量。

根据图书编号，查看图书的库存量。

(2) 按时间段查看图书合同。

根据时间段，查看该时间段内已签订的图书合同的情况，包括合同编号、图书编号、图书名、第一作者姓名、联系电话、联系地址、邮箱、首印数量、版税、付款方式、签订时间。

(3) 按书名查看销售情况。

根据图书名，查看该图书的销售情况，如有多个版次，将每一版次的销售量都列出。

(4) 生成订货单编号。

订货单编号由存储过程调用生成，前 8 位为当天的日期，后 3 位为当天的订货单序号，比如 2019 年 2 月 1 日的第一张订货单编号为 20190201001，以此类推。

(5) 处理指定日期的订购单。

当订购单所购的图书在库存中充足时，直接生成出库单，以便仓库出货，同时产生订购单记录，并修改图书的当前量。当库存不足时，将自动生成一条缺货记录，记录人字段为 0(表示系统自动产生)。

2) 触发器

触发器是保证数据完整性的一种方法，能保证一些较复杂业务规则的实施。它的执行不是由程序调用，也不是手工启动，而是由一类数据库操作事件(插入、删除、修改)来触发。当用户对该触发器指定的数据进行增、删、改操作时，系统将自动激活相应的触发动作。下面介绍案例的几个触发器，具体编程实现见第 4 章。

(1) 自动生成收款情况记录(tri_ins_order)。

当向订单表中插入一条记录时，自动生成一条收款情况记录，其中收款情况记录中的应收款由订购单中的总价和折扣计算而得，付款情况默认为 1(未付)。

(2) 订购单的"付款情况"值的自动跟踪。

当已付款等于应收款时，订单表的付款情况为 0(已付清)；当已付款少于应收款时，订单表的付款情况为 2(部分付)；当已付款为零时，订单表的付款情况为 1(未付)。

(3) 库存不足自动生成缺货记录。

当图书的库存不足 50 本时(假设 50 本为最低库存量)，自动生成一条缺货记录，记录人字段为 0(表示系统自动产生)。

(4) 加印申请处理。

根据缺货记录表中的状态，状态为 0("缺货")的记录将产生加印单，加印单生成并导出后，需要领导审核通过后才可进行加印。

(5) 印刷处理。

如果是首次印刷，则根据印刷要求添加印刷记录，如果是加印，则根据审核后的加印单情况进行加印，并同时将缺货表中相应记录的状态修改为 1("已解决")。

(6) 入库处理。

图书入库时，要在出入库表中产生一条入库记录(即类型为"入库")，同时，对图书表中的"当前量"字段进行修改(增加)。

(7) 出库处理。

图书出库时，要在出入库表中产生一条出库记录(即类型为"出库")，同时，对图书表中的"当前量"字段进行修改(减少)。

2.7　本 章 小 结

本章以出版社管理系统为例，按照需求分析、概念结构设计、逻辑结构设计、物理结构设计、数据库实施这 5 个设计步骤，对每一步进行了详细地描述。在这 5 个步骤中，最困难、最费时的是需求分析，一个系统能否让客户满意，关键在于能否在需求分析阶段对客户的业务需求、数据需求、功能需求等进行深入细致的了解和分析，明确整个业务流程。俗话说"磨刀不误砍柴工"，只有对客户需求分析把握准确了，后期开发出来的系统才是客户真正想要的系统。概念结构设计是数据库设计的基石，对实体、属性、关系的正确抽象关系到逻辑结构设计的准确性。逻辑结构设计阶段的模式优化，并没有强制规定，实际开发中一般达到三范式即可。物理结构设计阶段虽然工作量不大，但如何设置存取和存储方式将视具体应用而定，其目的就是为了提高存储和查询性能。

　　数据库设计是一个反复的过程，在设计过程中，把数据库的设计和对数据库中数据处理的设计紧密结合起来，将这两个方面的需求分析、抽象、设计、实现在各个阶段同时进行，相互参照，相互补充，以完善两方面的设计。

　　如果系统设计初期的数据量较小，而设计和开发人员只注重功能的实现，那么系统实际运行一段时间后，由于数据的急剧增加，系统性能会出现一个快速下降的过程，这时再解决系统性能问题就需要花费更多的人力物力。所以在分析整个系统的流程的时候，还需要考虑在将来发生高并发大数据量的访问时，系统会不会出现极端的情况。

　　本书案例没有涉及大数据量的情况。在实际系统设计时可根据数据的增量级别，进行适当的分库或者分表，比如按年分库、按天或者按月分表等。分库可以避免一个数据库中的表太多，也可以方便备份最新的数据；分表可以控制单表中数据量的大小。

第3章　使用辅助设计工具实现数据库设计

3.1　CASE 工具介绍

数据库设计是一门技术。以前，分析和开发人员根据数据库理论和系统业务的需求分析，手工画出系统的数据流图(DFD)、概念数据模型(Conceptal Data Model，简称 CDM)、逻辑数据模型(Logical Data Model，简称 LDF)、物理数据模型(PDM)等，设计工作不但复杂艰难，而且修改困难，模型的质量也受到很大的影响。随着软件工程项目变得越来越复杂，参与同一项目的设计人员常常是一个团队，这就涉及设计过程中图的合成、版本的统一管理等工作。

为解决这些问题，世界各大数据库厂商纷纷研发智能化的数据库建模工具，比较有代表性的有 Sybase 公司的 PowerDesigner、Rational 公司(现已被 IBM 收购)的 Rational　Rose、Oracle 公司的 Oracle Designer、Platium 公司(现已被 CA 公司收购)的 ERwin、Microsoft 公司的 Visio、Embarcadero Technologyes 公司的 ER Studio 等。它们都是侧重于数据库建模的 CASE(Computer Aided Software Engineering，计算机辅助软件工程)工具。

CASE 工具为开发设计人员提供直观而便捷的交互设计环境，可以在软件生命周期的各个阶段辅助设计工作。

下面侧重比较一下市场上常用的 CASE 工具：PowerDesigner、Rational Rose、Visio、ERwin。

Rational　Rose 是非常有效且成功的建模工具，它是为支持 UML 建模而出现的，目前的版本都加入了数据库建模功能，但对数据库建模的支持能力有限，学习时需要较完善的基础知识，入门较慢。它支持软件工程开发过程中的各种语义、模块、对象以及流程、状态等，能够从各个方面和角度来分析和设计，使软件的内部结构更加明朗，对系统的代码框架生成有很好的支持，但对面向客户的功能和流程的描述不是非常有效。2002 年 12 月 6 日，IBM 公司收购了 Rational 公司，现在 IBM 公司推出了 Rational Software Architect 产品家族，包含和替代了 Rose。

ERwin 擅长以 E-R 模型建立实体联系模型，具有版本控制功能。ERwin 比较适合设计中小型数据库系统。

Visio 最初仅仅是一种画图工具，可以描述各种图形，操作便捷、用户体验好，与 Microsoft 的 Office 产品兼容性好。从 Visio2000 开始引入了从软件分析设计到代码生成的全部功能，适合于使用 Microsoft 开发工具的中小型项目，不支持软件开发过程的迭代。Visio 可以作为 PowerDesigner 和 Rational Rose 图形功能不足的补充。

PowerDesigner 是老牌数据库厂家 Sybase 创建的一款数据库建模工具，后来逐渐支持需求分析建模、面向对象建模、业务逻辑建模等功能。PowerDesigner 集 UML 与 E-R 精华于一身，将对象设计、数据库设计和关系数据库无缝地集成在一起，在一个集成的工作环境中能完成面向对象的分析设计和数据库建模工作。这种建模工具用户体验好，多个模型直接切换方便，功能完善，并可批量产生测试数据，可以为初期项目的开发测试提供便利。

3.2　PowerDesigner 概述

PowerDesigner(可缩写为 PD)功能强大，使用非常方便。最新版本的 PowerDesinger16.5 支持超过 60 种(版本)的关系数据库管理系统，包括最新的 Oracle、IBM 的 DB2、Microsoft SQL Server、Sybase SQL Server、MySQL、NCR Teradata 等，支持各种主流应用程序开发平台，如 Java J2EE、Microsoft .NET(C# 和 VB.NET)、Web Services 和 PowerBuilder 等，支持所有主流应用服务器和流程执行语言，如 ebXML 和 BPEL4WS 等。

PowerDesinger16.5 的主要功能模块模型如表 3-1 所示(在安装时可以选择安装)。大部分的功能模块对应一个模型的创建，每种模型在浏览器中对应唯一的图标，并对应一种特定的文件。

表 3-1　PowerDesigner 主要功能模块模型

模型名称	模型缩写	模型中文含义	模型扩展名
Business Process Model	BPM	业务流程模型	.bpm
Conceptual　Data　Model	CDM	概念数据模型	.cdm
Enterprise Architecture Model	EAM	企业架构模型	.eam
Data Movement Model	DMM	数据移动模型	.dmm
Logical Data Mode	LDM	逻辑数据模型	.ldm
Object-Oriented Model	OOM	面向对象模型	.oom
Physical Data Model	PDM	物理数据模型	.pdm
Requirements Model	RQM	需求模型	.rqm
XML Model	XML	XML 模型	.xml

启动 PowerDesigner16.5(简称 PD)，关闭欢迎界面后，显示的 PD 初始工作界面包括浏览器窗口、输出窗口、模型设计工作区等，如图 3-1 所示。

图 3-1　PD 的初始工作界面

(1) 浏览器窗口分为本地(Local)浏览器窗口、知识库(Repository)浏览器窗口两个子项。本地浏览器窗口显示本地工作模型，知识库浏览器窗口用于显示知识库中的模型。

浏览器窗口采用层次结构显示模型信息，可以让用户快速定位到需要的模型图。模型按照工作空间(Workspace)、工程(Project)、文件夹(Folder)以及包(Package)几个层次进行管理。

(2) 输出窗口用于显示操作过程中的相关信息。输出窗口有四个选项页：General 用于显示建模过程中的相关信息；Check Model 用于显示模型检查过程中的相关信息；Generation 用于显示模型生成过程中的相关信息；Reverse 用于显示逆向工程操作中的相关信息。

(3) 模型设计工作区用于模型设计，有时也被称为图形列表窗口。

PD 工作界面除了以上三个窗口，在建模过程中还有对应的工具栏、结果列表、模型检查结果等窗口。

3.3　正向工程和逆向工程

PowerDesigner16.5 支持表 3-1 所示的多种数据模型，并提供了模型之间的转换功能，即由已存在的模型转化成新的模型，并保持模型与目标模型直接的同步。PD 支持的模型之间的转化关系如表 3-2 所示。

表 3-2　PD 支持的模型之间的转换

	BPM	CDM	LDM	PDM	OOM	DMN	XML
BPM	√						
CDM		√	√	√	√		
LDM		√	√	√	√		
PDM		√	√	√	√		
OOM		√		√	√		
DMN						√	
XML				√			√

表 3-2 中，最左边一列表示已经建好的模型，最上面一行表示目标模型，"√"表示能够从存在的模型转化为目标模型。

数据库设计最常使用的模型是概念数据模型、逻辑数据模型、物理数据模型。从表 3-2 可以看出，使用 PowerDesigner 进行数据库建模时，可以在概念数据模型、物理数据模型、物理数据模型三者间完成同步的设计。设计时既可以按照软件工程的流程进行正向设计，即先生成概念数据模型，再转化为物理数据模型，最后生成特定的 DBMS 的 SQL 脚本，或者直接在特定 DBMS 中生成数据库，这种设计叫正向工程(Forward Engineering)；也可以按照其逆过程进行，即将某个 DBMS 中已存在的用户数据库转化成其物理数据模型，再生成其逻辑数据模型和概念数据模型，这叫逆向工程(Reverse Engineering)。逆向工程常用来维护、修改和升级已有的数据库系统。

PowerDesigner 支持的正向和逆向工程转换如图 3-2 所示。

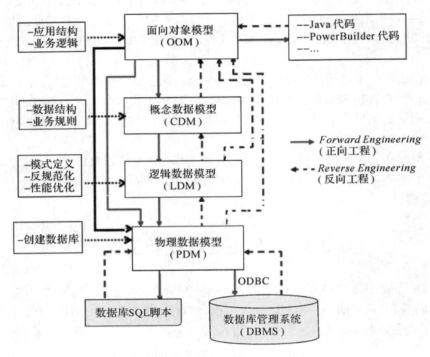

图 3-2　PowerDesigner 中的正向和逆向工程

从图 3-2 可见，使用 PowerDesigner 可以进行的正向设计有：

(1) 根据应用系统的应用框架和业务逻辑，设计系统的 OOM，再生成 Java 或者 PowerBuilder 等应用程序。

(2) 根据应用系统的应用框架和业务逻辑，设计系统的 OOM，转化成 CDM、LDM 和 PDM，再生成 RDBMS 的 SQL 脚本或者是数据库。

(3) 根据应用系统的应用框架和业务逻辑，设计系统的 OOM，转化成 LDM，再转化成 PDM；或者直接转化成 PDM，然后再生成 RDBMS 的 SQL 脚本或者是数据库。

(4) 根据数据结构和业务逻辑，设计系统的 CDM，然后转化成 LDM、PDM，再生成 RDBMS 的 SQL 脚本或者是数据库。

(5) 根据系统的模式定义、查询优化要求等，设计出系统的 LDM，然后转化成 PDM 再生成 RDBMS 的 SQL 脚本或者是数据库。

从图 3-2 中也可以看出，PowerDesigner 也支持以上所有正向工程的逆向工程。

3.4　概念数据模型

软件的设计和开发是一个比较复杂的过程，需要考虑很多因素。PowerDesigner 在建立概念数据模型(CDM)时，以实体—联系理论为基础，只考虑实体和实体之间的联系，不考虑用户系统的数据库管理系统(DBMS)所支持的数据模型(即逻辑模型)以及模型的物理实现细节(即物理模型)。通过模型的内部生成,可以把 CDM 转化为逻辑数据模型(LDM),LDM 可以转化为物理数据模型(PDM),也可以转化为面向对象模型(OOM)。

在 PD 中操作"File→NewModel…"时,可以通过"Categories"目录来查找需要创建的模型类型,也可以通过"Model types"直接选择该模型。图 3-3 所示的左右两图显示了上述两种选择新建模型的方式。

当新建一个工程的 CDM 时,默认情况下,工作窗口会自动打开创建 CDM 的工具箱,如图 3-4 所示。

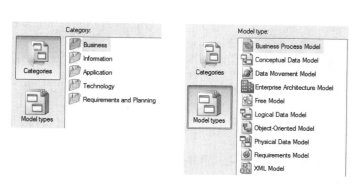

图 3-3　新建模型时的两种选择方式

图 3-4　新建 CDM 时的工具箱

图 3-4 所示工具箱中有 4 个工具条(Toolbar),分别是:

(1) Standard:标准工具条。

(2) Conceptual Diagram:针对不同的模型,PDM 工具箱有不同的工具条,这是 CDM 特有的工具条。表 3-3 是 CDM 工具条中各图标的含义。

(3) Free Symbols:自由符号。

(4) Predefined Symbols:预定义符号。

表 3-3　CDM 工具条中各图标的含义

序号	图标	英文名称	含义
1		Package	包
2		Entity	实体集
3		Relationship	联系
4		Inheritance	继承
5		Association	关联体
6		Association Link	关联链接
7		File	文件

注意,PD 默认安装时,CDM 工具条中的继承、关联体、关联链接三个图标是不可用的(图标呈灰色状态),原因是默认的 CDM 所采用的 E-R 图是 Barker 模型法。选择 PD 主菜单上的"Tools"→"Model Options",将"Model Settings"中的"Notation"改为"E/R + Merise",可以激活上述三个图标,如图 3-5 所示。

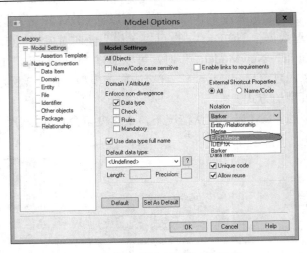

图 3-5　改变 CDM 的 E-R 表示法

3.4.1　创建实体型

选择菜单"File"→"Model"→"Categories"→"Information"→"Conceptual Data"→"OK",进入新建 CDM 窗口,命名该 CDM 为"PublisherCDM_1"。

新建员工实体集(Employee):用鼠标左键点击"Toolbox"的实体图标(Entity),再用左键点击工作区空白处,点击一次出现一个新实体集,点击鼠标右键释放该状态。

双击新建的实体集,出现"Entity Properties"窗口,在该窗口中编辑实体集的名称、属性、属性类型及约束等,如图 3-6 所示。

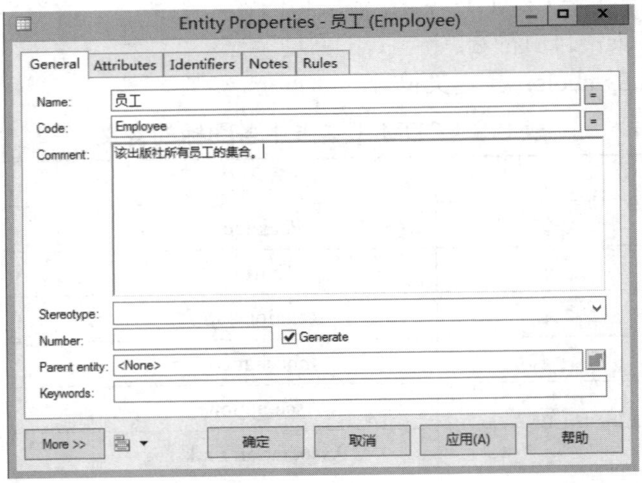

图 3-6　新建员工实体集

图 3-6 是实体的"General"选项卡,将 Name 设置为"员工",Code 改成"Employee"(Code 是编程中使用的实体名称),Comment(备注)可写可不写。

点击图 3-6 中的"Attributes"(属性)选项,定义实体的各个属性,包括名称(Name)、编程用名称(Code)、数据类型、域、是否强制(M)、是否为主标识符(P)、是否显示(D)等,如图 3-7 所示。

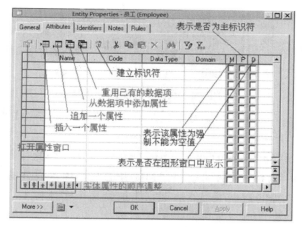

图 3-7　实体集的属性选项卡

　　标识符是实体集中一个或多个属性的集合，可用来唯一标识实体集中的一个实体。CDM 中的标识符等价于 PDM 中的主键或候选键。每个实体都必须至少有一个标识符。如果实体只有一个标识符，则它为实体的主标识符。如果实体有多个标识符，则其中一个被指定为主标识符，其余的标识符就是次标识符。

　　图 3-8 所示是定义的员工实体中的各属性的情况，其中属性 empNO 定义为主标识符(主标识符被强制不能为空)；empName、empSex 和 empTelephone 不能为空。

图 3-8　员工实体集的属性定义

　　在 PowerDesigner 的 CDM 中，实体型用长方形表示，长方形分为上、中、下三个区域，每个区域代表实体集的不同特征。上面区域显示实体集名称；中间区域显示实体集的属性(有时实体的属性太多，可以把某些属性设计为不显示)以及属性的数据类型和其他属性的约束；下面区域显示标识符，pi 表示主标识符，ai 表示次标识符，pi 和 ai 对应于 E-R 模型中的候选码。M 表示强制(Mandatory)，选中代表该属性不能为空值(Not Null)。图 3-9 是 PowerDesigner 中实体集员工(Employee)的表示方法，其中 empNo 被设置为主标识符，即实体集的码。

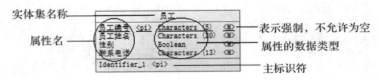

图 3-9　员工实体集的表示

由于员工属性较多，选择员工编号、员工姓名、性别、联系电话四个属性显示在图表窗口中。

CDM 的最小单位叫作数据项(Data Item)。例如，员工实体集中的 empNo、empName、empSex、empBirthday 等属性都自动被保存为模型的数据项。设计者也可以先在模型中添加不属于任何一个实体集的数据项，然后把它添加到某个实体集上。一个数据项可以被添加到多个实体集上，数据项可以重用。

3.4.2　创建域

域是数据元素有效值的范围，每个属性(列)都分配了有效的域。域包括基本的数据类型和取值范围。比如图书合同中的"支付方式"，用"1、2、3、4"分别表示不同的支付方式，所以它的数据类型是 1 位字符串，并且是数字型字符串，可以将它设置成一个域。

有些属性在概念模型(CDM)中是标识符(码属性)，在转化为逻辑结构和物理实现时，会被多个表参照使用。为了防止在需求发生改变等情况下改动此类属性的数据类型，一般先设置域绑定到该属性，这样需要改变属性的数据类型的时候，只需要改变域的定义即可，这在实际设计开发中非常实用。

创建域的方法：在创建 CDM 的状态下，选择菜单"Model"→"Domains…"，出现如图 3-10 所示的空白的域列表(图 3-10 是为出版社管理系统创建的域列表)。

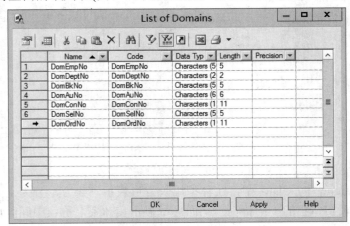

图 3-10　为系统创建的域列表

图 3-10 中定义了 7 个域，分别绑定到职工编号、部门编号、图书类型编号、作者编号、合同编号、商家编号和订单编号。

图 3-11 是绑定了域的出版社管理系统的所有实体集。

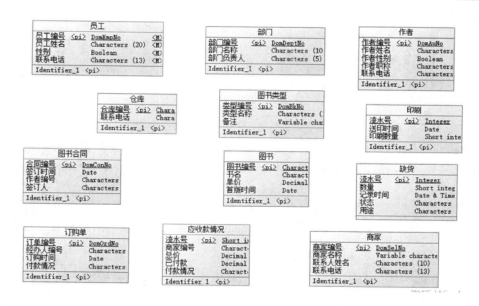

图 3-11　出版社管理系统的所有实体集

3.4.3　创建实体集之间的联系

实体集之间的联系有一对一、一对多、多对一以及多对多四种联系。可以用工具条中的"Relationship"(联系集)来创建实体和实体集之间这四种联系。如果两个实体集之间是多对多联系，并且联系集本身也带有属性，就需要使用 Association 图标。

实体间的联系用一条包含了联系名称的线段表示，在靠近实体的两端标明联系的基数(Cardinality)。图 3-12 表示了员工(Employee)与部门(Department)的多对一联系。图中"部门"上的基数(1，1)表示一个职工最多属于一个部门，也必须至少属于一个部门(第一个"1"表示强制)，而职工上的基数(2，n)表示一个部门最多可以有多个职工，并且至少需有 2 位职工。

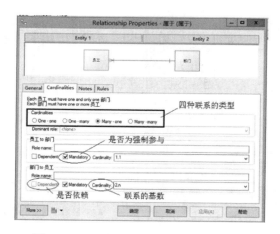

图 3-12　员工与部门之间多对一联系的定义

员工与部门之间的联系的表示最终如图 3-13 所示。

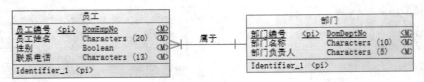

图 3-13　员工与部门之间多对一联系的表示

"Relationship"图标可以创建一对一、一对多、多对一以及多对多四种联系，但该图标上没法定义属性，所以如果联系本身带有属性，就必须使用"Assiociation"图标来建立联系。

图书与作者之间是多对多的联系，并且联系包含属性"排名"，即作者撰写某本书的排名，此时，"Assiociation"需要用"Assiociation Link"跟两边的实体集进行连接，如图 3-14 所示。

图 3-14　用 Assiociation 定义多对多的联系

图 3-14 中，联系"编著"带属性"排名"；"作者"的基数(1，n)表示一本图书可有多个作者，但至少必须有一个作者；图书的基数(0，n)表示一个作者可以参与编著多本图书，也可以暂时没有参与任何图书的编著。

图 3-15 是包含了全部实体集合和联系集合的出版社管理系统的 CDM 图。

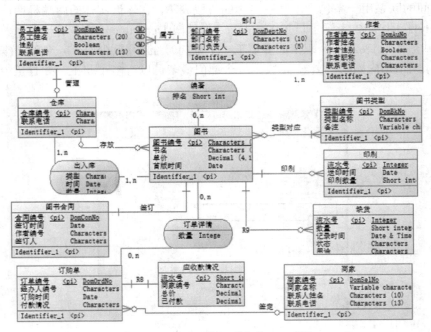

图 3-15　出版社管理系统的 CDM 图

出版社管理系统的概念模型(PublisherCDM)中的域、实体集和属性定义已完成，还可以继续定义其他数据对象，比如业务规则等，此处不再详述，读者可参考其他 PowerDesigner 的书籍。

3.5　逻辑数据模型

逻辑数据模型(LDM)介于概念模型和物理模型之间，由于目前大多数 DBMS 都支持关系数据模型，所以逻辑模型即关系模式集合，也就是关系表的集合。

在 PowerDesigner 中，有三种方法可以建立 LDM：

① 根据系统需求环境直接创建 LDM；

② 从 CDM 采用内部模型转化的方法建立 LDM；

③ 从 PDM 采用模型的内部转化方法建立 LDM。

由于通过需求分析已经建立了较完整的出版社管理系统的 CDM，接下来直接采用其中第二种方法来建立出版社管理系统的 LDM。

在建立 CDM 的环境下，操作菜单："Tools"→"Generate Logical Data Model…"直接生成系统的 LDM。在打开的"LDM Generation Options"页面中，选择"Generate New Logical Data Model"，设置其中的"Name"和"Code"均为"PublisherLDM"。出版社管理系统的逻辑模型如图 3-16 所示。

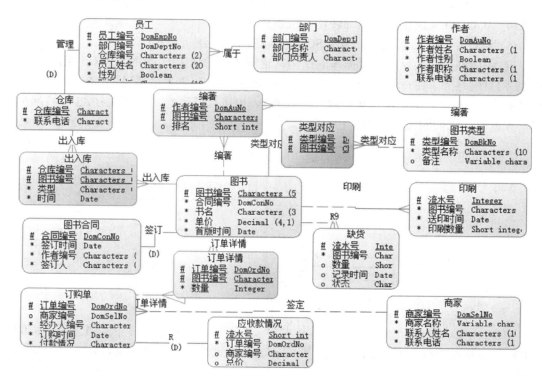

图 3-16　出版社管理系统的逻辑模型

图 3-16 中，图 3-15 所示的 CDM 图中的每个实体集转化为一个关系(表)，12 个实体集转化为 12 张表。一对一和一对多的联系，都在转化的相应表中加上对方的码表示，具体规则请见第 2 章。多对多联系必须增加一张结连表来表示，如图 3-16 中的"编著"、"出入库"、"类型对应"和"订单详情"。

注意，在 PowerDesigner 中，一对一的联系，会在双方实体集转化的表中都加入另外一方的码。由于在 CDM 中实体集员工与仓库的"管理"联系是一对一，图书与图书合同之间的"签订"联系也是一对一，所以在此要根据具体情况进行取舍，否则会出现不必要的循环引用。图 3-16 中保留了仓库关系中的"员工编号"作为联系"管理"的转化，而去掉了员工中的"仓库编号"；同样保留了图书合同关系中"图书编号"作为联系"签订"的转化，而去掉了图书关系中的"合同编号"。

在实际应用中，逻辑模型也可以 Word 文档的形式详细地说明每个表的结构、约束等(见表 2-1～2-16)，以方便程序开发人员理解数据库结构。

3.6　物理数据模型

在 PowerDesigner 中，有五种方法可以建立物理数据模型(PDM)：

(1) 根据系统需求环境直接创建 PDM；

(2) 从 CDM 采用内部模型转化的方法建立 PDM；

(3) 从 LDM 采用内部模型转化的方法建立 PDM；

(4) 从 OOM 采用模型的内部转化方法建立 PDM；

(5) 从现存的数据库或者数据库 SQL 脚本逆向工程建立 PDM。

PDM 能够直观地反映出数据库的结构，也需要考虑使用的 DBMS 的具体细节。建立 PDM 的目的是为了生成用户指定 DBMS 的 SQL 脚本，该脚本能够通过 SQL 解释执行器直接生成与 PDM 对应的用户数据库，或者 PDM 也可以通过 ODBC 在 DBMS 中直接生成用户数据库。它们的关系如图 3-17 所示。

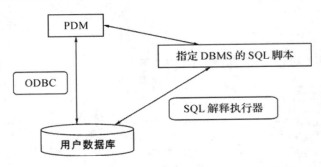

图 3-17　PDM 与 DBMS 的关系

PDM 中涉及的内容繁多，但很多基本对象的概念和关系数据库中的概念是一样的。PDM 中最基本的概念也是表(Table)、列(Column)(关系数据库中称为属性)、视图(View)、主键或者主码(Primary Key)、候选键或者候选码(Alternate Key)、域(Domain)、存储过程(Store Procedure)、触发器(Trigger)、规则(Check)等。

下面介绍从 LDM 采用内部模型转化的方法建立 PDM 以及从 PDM 生成物理数据库的过程。

3.6.1　从 LDM 采用内部模型转化的方法建立 PDM

在 LDM 的环境下，操作菜单："Tools"→"Generate Physical Data Model…"直接生成系统的 PDM。在打开的"PDM Generation Options"页面中，选择"Generate New Physical Data Model"，选择即将使用的后台数据库管理系统(DBMS)。本书后台数据管理使用 SQL Server，在下拉框中选择"Microsoft SQL Server"，设置其中的"Name"和"Code"均为"PublisherPDM"。图 3-18 是由图 3-16 通过内部模型转化的符合 SQL Server 语法的 PDM。

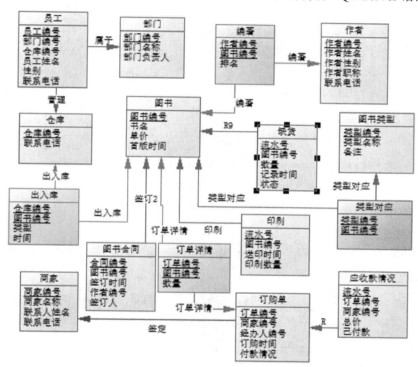

图 3-18　通过内部模型转化而来的出版社管理系统的 PDM

有关 PDM 设计的详细内容请读者参考相关的教材。

3.6.2　从 PDM 生成物理数据库

PD 主菜单是随着用户设计状态的改变而动态变化的。在设计 PDM 状态下，PD 主菜单会增加"Database"一项。在主菜单中选择"Database"→"Generate Database…"，出现生成物理数据库的选项对话框，如图 3-19 所示为 General 选项卡。

图 3-19 所示的界面中，有三处需要用户输入，分别是：

(1) Directory：数据库脚本文件保存的路径。

(2) File name：数据库脚本文件名称。

(3) Generation type：数据库生成方式，有"Script generation"和"Direct genernation"两种可选。选择"Script generation"只生成数据库的 SQL 脚本，用户需要在后台数据库管理系统中运行该脚本，生成数据库中各个对象。选择"Edit generation script"，SQL 脚本生成完成后，将被打开，供用户编辑(有时 PD 针对某些后台 DBMS 生成的 SQL 脚本语句，需要稍加修改后才能运行)。选择"Direct generation"时，将通过操作系统自带的 ODBC 方法，直接在所设置的 DBMS 中生成 PDM 所对应的全部数据库对象。

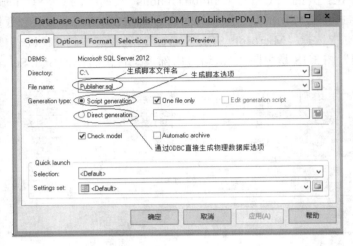

图 3-19　生成物理数据库的 General 选项

下面分别介绍上述两种生成物理数据库的方法。

1. 脚本生成法

在图 3-19 所示的对话框中，点击"Options"选项，可以设置所要生成的对象以及对象的一些属性，如图 3-20 所示。

图 3-20　生成数据库的 Options 选项

"Format"选项可以设置生成脚本的格式；"Selection"选项可以选择生成特定的对象；"Preview"选项可以预览数据库脚本。按"确定"执行后，系统自动生成出版社管理系统的数据库脚本文件。错误或者警告信息会出现在"Result List"窗口中，这些信息非常重要。如果出现错误提示，数据库脚本将无法生成，用户必须改正错误后重新操作，而有些警告信息是难免的，如图 3-21 是数据库脚本生成时出现的警告信息。

	Diagram_1	Diagram_1	Diagram_1	**Result List**	
	Category	Check	Object		Location
⚠	Table Index	Index inclusion	Index '出入库.InOutWH_PK' includes 'InOutWH2_FK'		<Model>::出入库
⚠	Table Index	Index inclusion	Index '类型对应.BookType_PK' includes 'BookType_FK'		<Model>::类型对应
⚠	Table Index	Index inclusion	Index '编著.Authors2_PK' includes 'Authors2_FK'		<Model>::编著
⚠	Table Index	Index inclusion	Index '订单详情.OrderDetails_PK' includes 'OrderDetails2_FK'		<Model>::订单详情

图 3-21　数据库脚本生成时出现的警告信息

这四个警告信息内容雷同，都是因为表的主码包含了外部码。由于警告信息对应的这几张表都是 CDM 中多对多联系转化来的表，所以警告信息可以忽略。

在出现的"Generated Files"对话框中，点击"Edit..."按钮，展示生成的数据库脚本，如图 3-22 所示。用户可修改编辑脚本，该 SQL 脚本可以在 SQL Server 中运行，生成数据库的全部对象。

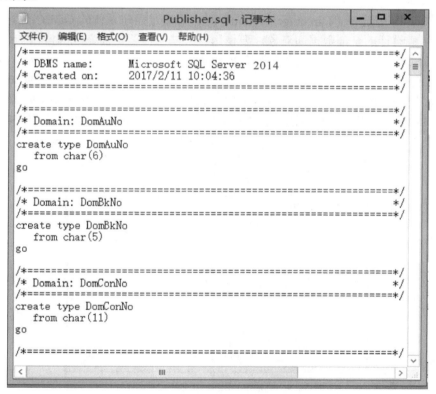

图 3-22　生成的数据库脚本的部分代码

图 3-23 是该脚本在 SQL Server 的 Managerment Studio(管理器)中生成的全部表和用户自定义数据类型(对应于 PDM 中的域)。

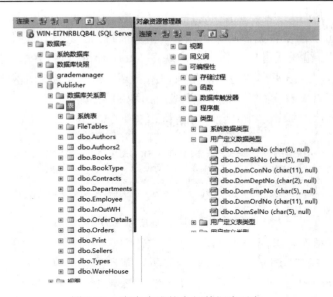

图 3-23　脚本生成的全部数据库对象

2. 直接生成数据库对象

当在图 3-19 中选择"Direct generation"时，将通过操作系统的 ODBC 数据源直接在 DBMS 中生成设计的全部数据库对象。要使用该方法，需要提前完成的操作有：

(1) 在 SQL Server 中新建一个数据库 Publisher。

(2) 创建 ODBC 数据源。打开操作系统的"管理工具"面板，点击"ODBC 数据源"(或者直接在 Windows 系统中搜索 ODBC 数据源)，添加一个新的数据源，命名为 PublisherODBC，数据库选择刚刚创建的 SQL Server 中的 Publisher 数据库。图 3-24 是新建 ODBC 数据源窗口(有关 ODBC 数据源知识，请参见附录 C 或其他参考资料)。

图 3-24　新建 PublisherODBC 数据源窗口

该数据源连接用户要使用的 SQL Server 服务器(图中服务器"Local"表示本地服务器，有时候也用小数点符号"."来表示)，然后继续"下一步"，验证登录服务器的方式。如图 3-25 所示，选择了通过登录 ID 和密码登录方式。

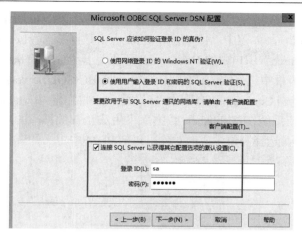

图 3-25　输入登录数据库的登录 ID 和密码

　　单击"下一步"更改默认数据库为 Publisher 数据库，然后点击"下一步"，进入文件保存等页面。一般选择默认值即可，按"完成"按钮，出现如图 3-26 所示的配置界面。

图 3-26　新的 ODBC 数据源配置信息

　　点击图 3-26 中的"测试数据源…"按钮，出现"测试成功"提示信息就说明连接到 Publisher 数据库的 ODBC 数据源配置成功。点"确定"按钮完成配置后，在返回窗口的"用户 DSN"中可以看到刚创建好的数据源，如图 3-27 所示。

图 3-27　新建 ODBC 数据源

图 3-28 是 PDM 生成物理数据库的选择窗口。改变数据库 Generation type(生成方式)为
"Direct generation"选项，如图中"1"所示；然后点击数据源选择按钮"2"；在随后弹出的
"Connect to a Data Source"窗口中的 Data source 下面选择"ODBC machine data source"，如
图中"3"所示，在下拉框中选择刚创建的"PublisherODBC(SQL Server)"，然后输入连接数据
源的用户名和密码；点击 Connect 按钮(图中"5"所示)，将弹出"Database Generation"窗口，
可以直接按"确定"让系统在 Publisher 数据库中生成全部数据库的对象(默认)，也可以在
"Selection"选项卡中，选择需要生成的对象，包括 PDM 中定义的表和域，如图 3-29 所示。

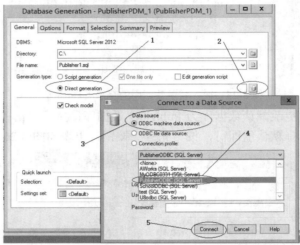

图 3-28　PDM 直接生成数据库的设置

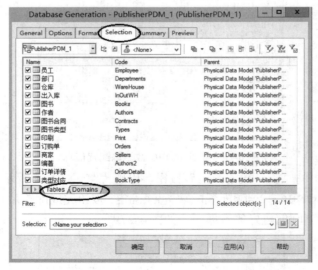

图 3-29　选择将在数据库中生成的对象

如果没有错误，系统将通过 ODBC 数据源在本地 SQL Server 服务器的 Publisher 数据
库中生成选择的对象结构。在 PowerDesigner 中还可以生成表中的测试数据等。

PowerDesigner 不仅支持数据库设计中的正向工程，还支持逆向工程(Reserve
Engineer)，即可以将已有的物理数据模型再转为概念模型等，该功能为各个阶段的设计修

改、结构重构甚至旧系统的升级提供了方便。利用逆向工程功能，还可在异构数据库中进行数据库结构的转换，这些功能请读者自行思考练习。

3.7　本章小结

本章是第 2 章数据库设计理论在 PowerDesigner 中的具体实现。本章结合出版社管理系统的设计案例，详细介绍了在 PowerDesigner 中概念数据模型（CDM）的设计方法及将 CDM 转化为逻辑数据模型（LDM）和物理数据模型（PDM）的全过程，并介绍了 SQL 脚本的生成方法以及通过 ODBC 直接生成 DBMS 数据库对象的两种方法。

从 PD 使用中不难发现，使用 PD 可以大大加快数据库设计的进程，只要完成了系统的概念数据模型，后面的设计过程几乎可以一键完成；如果对系统分析或者概念数据模型进行更改，后面的逻辑数据模型和物理数据模型也都可以一键修改。所以数据库设计的关键是需求分析要清楚、概念数据模型要正确。

第 4 章　数据库实现

数据库设计的物理结构设计阶段，根据系统功能的需求，可以在数据库服务器上设计存储过程、触发器或者自定义函数等程序，在数据库端完成对数据库的某些操作，减少数据在数据库服务器和应用服务器之间的传输，提高数据处理的效率，这就要用到 SQL 语言编程。

SQL 语言是数据库操作的国际标准语言，而每一个数据库厂家所使用的 SQL 语言，在标准 SQL 基础上都进行了扩充。SQL Server 使用的 SQL 语言又叫作 Transaction-SQL(事务 SQL，简称 T-SQL)。T-SQL 对标准 SQL 语言进行了扩充，可以定义变量，也可以使用流程控制语句、自定义函数、存储过程、触发器等。

本章首先介绍 SQL Server 2014 的基本使用，然后介绍 T-SQL 的流程控制语句和系统函数的使用，最后介绍存储过程和触发器的概念及编程方法。

4.1　启动和连接数据库引擎

在访问 SQL Server 服务器之前，必须先确保数据库服务器引擎已处于启动状态。

数据库引擎服务是个后台进程，SQL Server 提供多种管理工具对之进行操作管理。所有工具都可以从"开始"菜单上访问。注意，默认情况下不会安装 SQL Server Management Studio、SQL Server 配置管理器等客户端管理工具，必须在安装过程中将这些工具选择为客户端组件的一部分。

SQL Server Management Studio 是管理数据库引擎和编写 Transact-SQL 代码的主要工具。

SQL Server 配置管理器可以启用服务器协议，配置协议选项(例如 TCP 协议)，用户可以根据需要将服务器服务配置为自动启动或手动启动，还可以将客户端计算机配置为以所需的方式进行连接。

默认安装中 SQL Server 不包含示例数据库。SQL Server 在线帮助中所述的大多数示例都使用 AdventureWorks 2012 示例数据库，读者可以在网上找到该数据库的备份文件或者数据库文件(.mdf)。

下面介绍如何连接到数据库服务器引擎。

1. 启动 SQL Server 配置管理器

在"开始"菜单中，操作"所有程序"→Microsoft SQL Server 2014→"配置工具"→"SQL Server 配置管理器"，出现界面如图 4-1 所示。

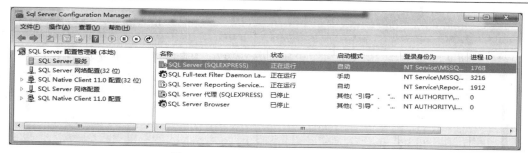

图 4-1　SQL Server 2014 配置管理器

选中左侧目录中的"SQL Server 服务"，右侧显示所有已安装的服务的运行情况。确保 SQL Server 数据库引擎在"正在运行"的状态(应该是绿色小箭头，而不是红色小方块)。

注意，如果读者没有安装图 4-1 所示的配置管理器工具，那么也可以在 Windows 操作系统中的"服务"中选择"SQL Server(SQLExpress)"服务进行管理(启动、暂停、停止)。

2. 启动 SQL Server Management Studio

在"开始"菜单上，操作"所有程序"→Microsoft SQL Server 2014→SQL Server Management Studio，将出现"连接到服务器"对话框，见图 4-2。如果没有出现该对话框，也可以在 Management Studio 中操作"文件"→"连接对象资源管理器"。

图 4-2　"连接到服务器"对话框

"服务－器类型"框中将显示上次使用的组件的类型。在"服务器名称"框中，键入数据库引擎实例的名称。对于默认的 SQL Server 实例，服务器名称即计算机名称。对于 SQL Server 的命名实例，服务器名称为 <computer_name>\<instance_name>，如图 4-2 中"BLACKFU-PC\SQLEXPRESS"实例名即为安装时命名的实例(默认的是计算机名称)。单击"连接"进入管理控制器。

3. 使用 Management Studio 组件

SQL Server Management Studio(SSMS，管理控制器)是从 Microsoft SQL Server 2005 版本开始提供的新组件，是一个用于访问、配置、管理和开发 SQL Server 所有组件的集成环境。SSMS 把 SQL Server 2005 以前版本的企业管理器和查询分析器集成到了一个单一的环境中，提供了图形界面，用于配置、监视和管理 SQL Server 的实例。此外，它还允许部署、监视和升级应用程序使用的数据层组件，如数据库和数据仓库。SQL Server Management Studio 还提供了 Transact-SQL、MDX、DMX 和 XML 语言编辑器用于编辑和调试脚本，见图 4-3。

图 4-3　SSMS 界面

　　数据库信息显示在左侧的对象资源管理器中。对象资源管理器是服务器中所有数据库对象的树视图。对象资源管理器包括与其连接的所有服务器的信息。打开 SSMS 时，系统会将对象资源管理器连接到上次使用的设置。

　　当用户点击了工具栏中的"新建查询"窗口后，将出现文档窗口。文档窗口是 SSMS 中的最大部分，包含查询编辑器和浏览器窗口。它与 SQL Server 2005 以前版本中的查询分析器(Query Analilzer)相对应。文档窗口可以运行 SQL 命令和 SQL 脚本程序，在此键入全部 SQL 语句，并查看语句的执行情况。

4.2　创　建　数　据　库

　　在 SQL Server 中，所有信息都存储在数据库中。每个数据库都由物理组件和逻辑组件两部分组成。逻辑组件是用户在使用 SQL Server 图形操作界面时看到的或在程序中访问的数据库和数据库对象(名称)，比如数据库名、表名、视图名、存储过程名等数据库对象。数据库的物理组件——操作系统下的文件，对用户是透明的，一般只有系统管理员才能直接对数据库文件进行操作。

　　每个数据库可以包含以下三种物理文件：

　　(1) 主数据文件(文件名后缀：.mdf)，该文件是数据库的基础文件，每个数据库有且仅有一个主数据文件。

　　(2) 次数据文件(文件名后缀：.ndf)，该文件存储着主数据文件没有包括的内容。它不是每个数据库都必需的。简单的数据库可以没有次要数据文件，复杂的数据库可以有多个次要数据文件。一般次要数据文件存储在不同的磁盘上，可以提高数据库性能。

　　(3) 日志文件(文件名后缀：.ldf)，用于记录事务日志信息，每个数据库必须至少有一个日志文件。

　　创建数据库的方法有两种，一种是使用图形化工具 SQL Server Management Studio(简称 SSMS)，另一种是使用 Create Database 语句。

4.2.1　使用 SSMS 图形化创建数据库

使用 SSMS 图形化工具创建数据库的具体步骤如下：

(1) 启动 SQL Server 服务，打开 SQL Server Management Studio。

(2) 单击 SSMS 工作窗口左边"对象资源管理器"(如果没有，需要操作"文件"→"链接对象资源管理器")。

(3) 展开"数据库"，用户可见该数据库服务器下面的所有系统数据库和用户数据库。选中"数据库"(Database)，单击鼠标右键，在弹出菜单中选择"新建数据库…"(New Database…)，如图 4-4 所示。

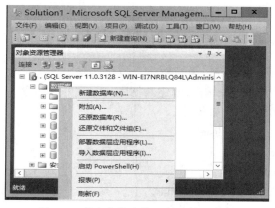

图 4-4　弹出菜单中的"新建数据库"

(4) 在随后出现的"新建数据库"对话框的"名称"一栏中，输入数据库名 Publisher，用户可通过"新建数据库"对话框更改数据库文件的存放路径，将数据库的物理文件存放在用户目录下(默认情况下，用户所建的数据库文件在 SQL Server 安装目录的\MSSQL\DATA\路径下。

"新建数据库"有常规、选项、文件组三个选项卡，图 4-5 是常规选项卡，可以输入数据库的名称 Publisher(逻辑名)，指定数据库逻辑文件名称、存储位置、初始容量大小、扩充方式、容量限制等信息。

图 4-5　新建数据库的常规选项卡

单击"确定"按钮，数秒后在"数据库"一栏中可见新建的 Publisher 数据库。

(5) 展开新建的 Publisher 数据库，会发现数据库中已有了以下目录结构，称之为数据库对象：

- 数据库关系图(Digram)；
- 表(Table)；
- 视图(View)；
- 同义词；
- 可编程性；
- Service Broker；
- 存储；
- 安全性。

新建数据库的这些对象，都是从系统数据库的 Tempdb(模板)数据库中复制来的。

4.2.2　使用 Create Database 语句创建数据库

在 SSMS 中，点击工具栏的"新建查询"按钮，将出现一个查询窗口(SQLQuery)，在查询窗口中输入 Create Database 语句创建数据库，下面举例说明。

【例 4-1】　创建 Publisher 数据库。

```
CREATE DATABASE Publisher
ON    PRIMARY
( NAME = Publisher,
FILENAME = 'E:\mydata\Publisher.mdf',
SIZE = 5120KB,
MAXSIZE = UNLIMITED,
FILEGROWTH = 1024KB )
LOG ON
( NAME = Publisher_log,
FILENAME = 'F:\mylog\Publisher_log.ldf',
SIZE = 1024KB,
MAXSIZE = 2048GB,
FILEGROWTH = 10%)
```

除了文件名和路径，其余都是图形化创建数据库时的默认值，用户可根据系统业务需求自行设定这些参数。Create Database 更加详细和复杂的使用方法，请查看联机帮助或者其他参考资料。

4.3　T-SQL 程序设计

Transaction-SQL（事务 SQL，简称 T-SQL）是 SQL Server 使用的 SQL 语言，它扩展了标准 SQL 的语法，增加了程序设计功能，用户可以编写 T-SQL 程序的批处理、存储过程、触发器和自定义函数等，简化相关的数据库操作。以下分别介绍 T-SQL 的变量、注释、流程控制语句。

4.3.1 变量

变量是可以对其赋值并参与运算的一个实体,是编程语言不可缺少的组成部分。T-SQL 语言的变量有两种,一种是用户自定义的局部变量,另一种是系统提供并维护的全局变量。

1. 全局变量

全局变量是 SQL Server 系统提供的内部变量,通常用于存储 SQL Server 的配置设定值和统计数据等,其作用范围是服务器实例的任何程序而不仅仅局限于某一程序。

全局变量是系统定义的,用户不能自定义全局变量。通过获取全局变量值,用户可以在程序中获得命令执行后的状态值等。全局变量用 "@@" 符号开头,比如,查看当前 SQL Server 版本号,可以在查询窗口中输入 T-SQL 语句 "SELECT @@VERSION",消息窗口即显示目前软件的版本号。

下面是比较常用的全局变量,其他全局变量请大家参考联机帮助文件。

@@ERROR:最后一个 T-SQL 错误的错误号。

@@IDENTITY:最后一次插入的标识值。

@@LANGUAGE:当前使用的语言名称。

@@MAX_CONNECTIONS:可以创建的同时连接的最大数目。

@@SERVERNAME:本地服务器的名称。

@@VERSION:SQL Server 的版本信息。

@@ROWCOUNT:主要是返回最近一个 SQL 语句所影响的数据行数。

2. 局部变量

局部变量是用户定义的,作用范围限制在某个程序 (申明的批、存储过程、函数)内部,有一定的数据类型。使用局部变量可以保存数据值、控制流程语句、存储过程返回值等。局部变量名称以 "@" 符号开头,首先要用 DECLARE 语句定义后才能使用。形式如下:

DECLARE @变量名 数据类型[, @变量名 数据类型……]

比如,定义一个 5 字节的字符串变量和一个整型变量的代码如下:

DECLARE @no char(5);

DECLARE @i   int;

也可以写成:

DECLARE @no char(5), @i   int;

局部变量赋值有两种方法:

(1) SET @变量名 = 变量值;

(2) SELECT @变量名 = 变量值。

两者的区别是,SET 赋值语句一般用于赋给变量一个指定的常量,SELECT 赋值语句一般用于从表中查询出数据然后赋给变量。

3. 注释

为了方便自己和别人更好地理解程序的功能,需要对程序进行注释。T-SQL 中,单行注释符号是"--"(两个减号)，多行注释符号跟 C 语言一样，以"/*"开头，以"*/"结束。比如上述局部变量的定义，就可以加以注释。

【例 4-2】 注释的使用。

```
DECLARE   @no    char(5)              --用于存放员工号
               , @name char(10);       --用于存放员工姓名
DECLARE   @i     int;                  --用于存放返回的职工人数
SET @no = '01001'
SELECT @name = empName
       FROM employee
       WHERE empNo = @no;
SELECT @i = count(*) FROM employee;
PRINT '员工号为' + @no + '姓名是' + @name;           --此处"+"是字符串的连接运算符
PRINT '本公司共有员工' + convert(char(3), @i) + '位'
```

此处的 convert( )是转换函数，在 T-SQL 中很常用，后面会讲到。

4.3.2 运算符

在 SQL Server 中，运算符主要有以下几大类：算术运算符、赋值运算符、比较运算符、逻辑运算符、连接运算符以及按位运算符。运算符能够用于算术运算、字符串连接、赋值以及在字段、常量和变量之间进行比较等。运算符及其含义见表 4-1。

表 4-1　运算符及其含义

运算符类	运算符	含义
算术	+、-、*、/、%	加法、减法、乘法、除法(返回商)、求余(返回余数)
比较	=、>、<、>=、<=、<>	等于、大于、小于、大于等于、小于等于、不等于
逻辑	ALL、AND、ANY、NOT、OR、BETWEEN、EXISTS、IN、LIKE、SOME	全部为 TRUE 返回 TRUE、两个表达式都为 TRUE 返回 TRUE、任何一个为 TRUE 返回 TRUE、取反、一个为 TRUE 返回 TRUE、在某个范围内返回 TRUE、子查询非空返回 TRUE、等于列表中任意一个值返回 TRUE、模糊匹配、有些为 TRUE 返回 TRUE
连接	+	将两个或者两个以上字符串串联成一个字符串
按位	&、|、^、~	与、或、异或、非

某些复杂的表达式会有多个运算符，运算符的优先级别将确定执行操作的顺序，执行顺序不同，结果值也不相同。

SQL Server 中运算符的优先级别从高到低依次如下：

(1) ~ (按位取反)；

(2) * (乘)、/ (除)、% (取余)；

(3) + (正)、- (负)、+ (加)、- (减)、& (按位与)、| (按位或)、^ (按位异或)、+ (字符串串联)；

(4) =、>、<、>=、<=、<>；

(5) NOT；

(6) AND；

(7) ALL、ANY、BETWEEN、IN、LIKE、OR、SOME；

(8) = (赋值)。

4.3.3 批处理

批处理是指包含一条或多条 T-SQL 语句的语句组或者语句块，这组语句从应用程序一次性发送到 SQL Server 服务器执行。SQL Server 服务器将批处理语句编译成一个可执行单元(即执行计划)。

批处理是 T-SQL 语句处理的一个逻辑单元。如果批中的一条语句不能通过语法分析，那么该批中的语句都不会被执行。如果一条语句在运行时失败，那么产生错误的语句之前的语句都已经运行了。

为了将一个脚本分为多个批处理，可使用标识符 GO 语句。

GO 语句的特点有：

(1) GO 语句必须自成一行，一般同行上只有注释。

(2) 脚本的开始部分或者最近一个 GO 语句以后的所有语句编译成一个执行计划并发送到服务器，与任何其他批处理无关。

(3) GO 语句不是 T-SQL 命令，而是由各种 SQL Server 命令实用程序(如 Management Studio 中的"查询"窗口)识别的命令。

下面举例说明。

【例 4-3】 没有使用 GO 语句示例。

```
CREATE DATABASE Test
USE Test
CREATE TABLE TestTable
(
    col1 int,
    col2 int
)
```

该组语句在语法分析时就会出错，因为它们被当作一个批的语句被分析执行，在分析到"USE Test"或者"CREATE TABLE TestTable"语句时，分析器会发现数据库"Test"并不存在(还没有被执行)。

养成更好的编程习惯，将例 4-3 改成例 4-4 的形式。

【例 4-4】 GO 语句示例。

```
CREATE DATABASE Test
GO
USE Test
CREATE TABLE TestTable
```

```
(
    col1 int,
    col2 int
)
```

请问下面的代码能成功执行吗？如果不行怎么修改？

【例 4-5】

```
USE Test
ALTER TABLE TestTable
    ADD col3 int
INSERT INTO TestTable
(col1, col2, col3)
VALUES(1, 1, 1)
```

在实际的 SQL 脚本中，要注意哪些语句是不能放在同一个批中的，另外注释不能跨批。

4.3.4　流程控制命令

为了增加语言的编程功能，使程序获得更好的逻辑性和结构性，不管是微软的 T-SQL 还是 Oracle 公司的 PL/SQL，都对标准的 ANSI SQL 进行了扩充，流程控制语句就是其中之一。

流程控制包括判断、多分支判断、循环和检测等。

1. 语句块(BEGIN…END)

语法如下：

```
BEGIN
<SQL 语句或程序块>
END
```

BEGIN…END 用来设定一个语句块，可以将多条 SQL 语句封装起来构成一个语句块，在处理时，整个语句块被视为一条语句。

BEGIN…END 经常用在条件语句如 IF…ELSE 或 WHILE 循环中。BEGIN…END 可以嵌套使用。

例 4-6 是语句块的示例。

【例 4-6】 BEGIN…END 语句块示例。

```
DECLARE @i int
        , @j int
        , @m int
BEGIN
    SET @i = 100, @j = 200
    SET @m = @i + @j
    PRINT @m
END
```

2. 判断语句(IF…ELSE)

通常，计算机按顺序执行程序中的语句，但是在许多情况下，需要根据某个变量或表达式的值做出判断，以决定执行哪些程序语句或不执行哪些程序语句，这时可以利用 IF…ELSE 语句做出判断，选择执行某条语句或语句块。

判断语句的语法如下：

```
IF <条件表达式>
        <命令行或语句块 1>
[ELSE
        <命令行或语句块 2>]
```

其中<条件表达式>可以是各种表达式的组合，<条件表达式>的值必须是逻辑值 TRUE 或 FALSE。当<条件表达式>为 TRUE 时，执行<命令行或语句块 1>，当<条件表达式>为 FALSE 时执行<命令行或语句块 2>。ELSE 是可选的，最简单的 IF 语句可以没有 ELSE 语句部分。

例 4-7 是判断语句的示例。

【例 4-7】 IF…ELSE 判断语句示例。

```
DECLARE @A int
DECLARE @B int
SELECT    @A = 1
SELECT    @B = 2
IF    @A = 1
BEGIN
        SELECT @A = 10
        SELECT @B = @B-1
END
ELSE
SELECT @A = @A-1
```

3. 多分支判断语句(CASE…WHEN)

CASE…WHEN 语句是多条件分支语句，相比 IF…ELSE 语句，使用 CASE 语句进行分支流程控制可以使代码更加清晰，易于理解。CASE 语句根据表达式逻辑值的真假来决定执行的代码流程。

多分支判断语句 CASE…WHEN 语法有两种格式。

第一种：

```
CASE<算术表达式>
        WHEN<算术表达式> THEN<运算式>
        WHEN<算术表达式> THEN<运算式>
    [ELSE <算术表达式>]
    END
```

第二种：

```
CASE
    WHEN<条件表达式>THEN<运算式>
    WHEN<条件表达式>THEN<运算式>
    [ELSE <运算式>]
END
```

例 4-8、4-9、4-10 是多分支判断语句的示例。

【例 4-8】 图书表中保存的是类型编号，可以用 CASE...WHEN 多分支判断语句把编号转换成类型名称。

```
SELECT bkNo, bkTitle, bkPrice,
        CASE bkType
    WHEN '01'THEN '文艺'
        WHEN '02' THEN '都市'
        WHEN '03' THEN '教材'
        WHEN '04' THEN '教辅'
        WHEN '05' THEN '情感'
        ELSE '未知分类'
END
FROM books
```

【例 4-9】 将赋值的成绩分等级并打印出来。

```
DECLARE @score INT;                    --定义一个成绩变量
SET    @score = 100
SELECT CASE
        WHEN @score >= 90 THEN '优秀'
        WHEN @score >= 80 THEN '良好'
        WHEN @score >= 70 THEN '中等'
        WHEN @score >= 60 THEN '及格'
        ELSE '不及格'
END
    AS '成绩'
```

【例 4-10】 根据输入的图书编号判断该图书的价位。当图书价格大于等于 100 元时，输出"百元图书"；当图书价格在 50 元到 100 元之间时(不包括 100 元)，输出"较贵图书"；当图书价格在 20 元到 50 元之间时，输出"一般价格图书"；当图书价格小于 20 元时，输出"廉价图书"。

```
DECLARE    @bookNo char(5)
        , @bookPrice Number(4，1)
SELECT    @bookPrice = bkPrice FROM books    WHERE    bkNo = @bookNo
CASE    WHEN    @bookPrice >= 100        THEN    '该图书是百元图书'
        WHEN    @bookPrice <100 and @bookPrice >= 50    THEN '该图书较贵'
        WHEN    @bookPrice <50 and @bookPrice >= 20    THEN '该图书价格一般'
```

```
          ELSE    '该图书是廉价图书'
      END
```

4. 检测语句(IF…EXISTS)

IF…EXISTS 语句用于检测数据是否存在，而不考虑与其匹配的行数。对于存在性检验而言，使用 IF…EXISTS 要比使用 count(*) > 0 好，效率更高，因为只要找到第一条匹配的行，服务器就会停止执行 SELECT 语句。

检测语句语法如下：

```
      IF [not] EXISTS (SELECT 查询语句)
          <命令行或语句块 1>
      ELSE<条件表达式>
          < 命令行或语句块 2>
```

【例 4-11】　检查有无"数据库课程设计"教材。

```
      IF EXISTS (SELECT * FROM Books WHERE bkTitle = '数据库课程设计')
          PRINT'有该图书存在'
      ELSE
          PRINT'没有这本图书'
```

【例 4-12】　判断当前数据库中是否存在用户定义的 test 表，如果存在请删除，不存在则给出相应的信息。

```
      IF EXISTS(SELECT * FROM sysobjects WHERE TYPE =    'U' AND NAME =    'test')
          BEGIN
              PRINT '存在要删除的表 test';
              DROP TABLE test;
              PRINT '已经删除表 test';
          END
          ELSE
              PRINT '不存在表 test';
```

5. 循环语句(WHILE)

循环语句可以设置重复执行 SQL 语句或语句块的条件，只要指定的条件为 TRUE (条件成立)，就重复执行语句。

语法如下：

```
      WHILE <条件表达式>
      BEGIN
          <命令行或程序块 1>
          BREAK
          CONTINUE
          <命令行或程序块 2>
      END
```

其中，BREAK 命令让程序完全跳出循环语句，结束 WHILE 命令的执行，CONTINUE

命令让程序跳过 CONTINUE 命令之后的语句回到 WHILE 循环的第一条命令继续循环。

WHILE 语句可以嵌套使用。

【例 4-13】 使用循环语句，计算 $1 + 2 + 3 + \cdots + 100$ 的和。

```
DECLARE @i   INT, @Sumall   INT
SELECT   @i = 1, @Sumall = 0
WHILE @i <= 100
BEGIN
    SELECT @Sumall = @Sumall + @i
    SELECT @i = @i+1
END
```

4.3.5　常用命令

很多数据库服务器上，并不会安装 SQL Server 的图形化管理工具，必要时需要用外部命令或者命令行工具管理 SQL Server。

1. CMD

该命令可以在操作系统环境下直接调用，对 SQL Server 服务器实行快速启动、暂停和关闭。具体的命令使用和状态提示见图 4-6。

图 4-6　在 CMD 命令窗口中对 SQL Server 服务进行管理

SQL Server 提供了命令行工具 isql 和 osql。命令行操作有时比在图形界面下使用鼠标操作更高效。osql 和 isql 实用工具可以输入 Transact-SQL 语句、系统存储过程和脚本文件。

2. USE

USE 命令后面跟数据库名称，使之成为当前操作的默认数据库，接下来的 SQL 语句都是默认对该数据库进行操作。

【例 4-14】 USE 命令示例。

```
USE Publishers
```

```
GO
--查询 Publishers 数据库中的 books 表中信息
SELECT * FROM books
--查询 Pubs 数据库中的 dbo 模式下的 employee 表中信息
SELECT * FROM pubs.dbo.employee
```

3. DECLARE

DECLARE 命令用于定义一个或者多个局部变量、游标变量或表变量。所有被定义的变量，初始值都是为 Null，需要用 SELECT 或 SET 语句进行赋值。

4. EXECUTE

EXECUTE 命令用于执行用户定义函数、系统存储过程、用户定义存储过程或扩展存储过程，同时支持 Transact-SQL 批处理内的字符串的执行。在交互式环境下，当被执行的函数或者存储过程是批中的第一个语句时，可以省略 EXECUTE。

5. KILL

KILL 命令用于终止某一过程的执行(断开某个数据库的访问连接)或终止某个进程。比如，检测出某个进程是死进程，可以用 KILL 后跟进程号，把它终止。

6. RAISEERROR

RAISEERROR 命令用于抛出一个被程序捕捉到的异常或错误。

7. PRINT

PRINT 命令可以按照要求打印输出查询结果或者变量的值，是 T-SQL 编程中比较常用的命令。一般用于在调试程序时观察中间结果，也常常用于在游标的循环使用中打印各个游标值。例如，下面的代码可以输出当前的日期时间。

【例 4-15】　输出当前的日期时间。

```
DECLARE @time    datatime           --定义@time 变量为时间日期型
SELECT @time = getdate()            --用函数取出当前的系统时间放入@time 变量中
PRINT @time
```

使用 PRINT 输出多个变量或者常量值时，要将多个变量和常量转化为相同的数据类型，一般都要转化为字符型数据串后再输出。

【例 4-16】　打印输出出版社中所有带"数据库"的图书名称，以及它们的单价和当前库存量。

```
--定义三个变量存放游标中的值：@title 书名；@price 单价；@qty 库存量
DECLARE    @title char(30),
           @price numeric(5, 1),
           @qty   numeric(5, 0)
DECLARE C1 CURSOR FOR SELECT bkTitle, bkPrice, bkPrtQty       --定义游标
           FROM books
                WHERE bkTitle like'%数据库%';
OPEN c1;                                        --打开游标
```

```
    FETCH c1 INTO @title，@price，@qty;      --推进游标指针，取出当前值送相应变量
    WHILE (@@fetch_status = 0 )              --如果能读取到游标值就进入循环
    BEGIN
        PRINT @title + '单价是：' + cast ( @price as char(5)) + ' ' + '目前库存是：' + cast ( @qty as char(5))
        FETCH c1 INTO @title, @price, @qty
    END
    CLOSE   c1;                              --关闭游标
    DEALLOCATE   c1;                         --释放游标资源
```

程序中的 PRINT 语句将打印出书名中包含"数据库"的图书的名称、单价、库存量。
cast 函数是数据类型转换函数，下面一节将有介绍。

8. BACKUP

BACKUP 命令通过 SQL 语句备份数据库，例如：

```
    BACKUP   DATABASE   mydb   TO   DISK = 'D:\DBBACK\mydb.BAK'
```

该语句的作用是将数据库 mybd 备份到路径为 D:\DBBACK 的 mydb.BAK 文件夹中，
该文件夹需要在备份操作前已经创建。

9. RESTORE

RESTORE 命令通过 SQL 语句还原数据库，例如：

```
    USE   master
    RESTORE   DATABASE   mydb
    FROM   DISK = 'D:\DBBACK\mydb.BAK'
    WITH   REPLACE
```

10. DBCC

DBSS 即 Database Console Commands(数据库控制台命令)。公开和未公开的 DBCC 命
令，加起来大约有 100 个，分为帮助类、检查验证类、维护类、性能调节类等几类命令。
常用的命令简单介绍如下：

(1) DBCC HELP('?') ：查询所有的 DBCC 命令。

(2) DBCC HELP('命令') ：查询指定的 DBCC 命令的语法。

(3) DBCC DBREINDEX ：重建指定数据库的一个或多个索引，功能类似于"ALTER
INDEX REBUILD"。

(4) DBCC SHRINKDATABASE(db_id, int)：收缩指定数据库的数据文件和日志文件大小。

(5) DBCC DROPCLEANBUFFERS：从缓冲池中删除所有缓存，清除缓冲区。在进行
测试时，使用这个命令可以从 SQL Server 的数据缓存 data cache(buffer)中清除所有的测试
数据，以保证测试的公正性。

(6) DBCC FREEPROCCACHE：从执行计划缓冲区删除所有缓存的执行计划。

4.3.6　常用内置函数

SQL Server 提供了丰富的内置函数，使用户可以方便快速地执行某些操作。内置函数

通常用在查询语句中计算查询结果，或者修改数据格式和查询条件。

SQL Server 中的内置函数类别如表 4-2 所示。除了大家熟悉的聚合函数(count、avg、sum、min、max)外，常用的还有字符串函数、日期和时间函数、类型转换函数、系统函数、数学函数等。

表 4-2　SQL Server 中的内置函数类别和作用

函数类别	作　　用
聚合函数	将多个值合并为一个值。例如 count、sum、avg、min 和 max
配置函数	一种标量函数，可返回有关配置设置的信息
转换函数	将值从一种数据类型转换为另一种
加密函数	支持加密、解密、数字签名和数字签名验证
游标函数	返回有关游标状态的信息
日期和时间函数	可以更改日期和时间的值，或者返回日期时间的部分数据
数学函数	执行三角、几何和其他数字运算
元数据函数	返回数据库和数据库对象的属性信息
排名函数	一种非确定性函数，可以返回分区中每一行的排名值
行集函数	返回可在 Transact-SQL 语句中表引用所在位置使用的行集
安全函数	返回有关用户和角色的信息
字符串函数	可更改 char、varchar、nchar、nvarchar、binary 和 varbinary 的值
系统函数	对系统级的各种选项和对象进行操作或报告
系统统计函数	返回有关 SQL Server 性能的信息
文本图像函数	可更改 text 和 image 的值

接下来，详细说明其中三类函数的使用，包括日期和时间函数、字符串函数以及类型转换函数。

1. 日期和时间函数

日期和时间函数可用于对日期和时间的值进行操作。在日期和时间函数中，有些需要指定日期和时间中的部分内容(比如日、星期、月、年、分钟等)。表 4-3 列出了 SQL Server 可识别的日期部分及其缩写。

表 4-3　SQL Server 可识别的日期部分及其缩写

日期部分	缩写	说明	日期部分	缩写	说明
year	yy，yyyy	年	weekday	dw，w	一周中的第 n 天
quarter	qq，q	季度	week	wk，ww	周
month	mm，m	月	hour	hh	小时
dayofyear	dy，y	一年中的第 n 天	minute	mi，n	分钟
day	dd，d	一月中的第 n 天	second	ss，s	秒

表 4-4 列出了常用的日期和时间函数，除此以外还有 getutcdate()，year()，month()，

day()等。

表 4-4　常用的日期和时间函数

函数名称及参数	说　　明
getdate()	返回当前系统日期和时间
dateadd(日期部分，数字，日期)	返回指定日期加上一个时间间隔后的新的日期值
datediff(日期部分，开始日期，结束日期)	返回两个指定日期的指定日期部分的差的整数值
datename(日期部分，日期)	返回表示指定日期的指定日期部分的字符串
datepart(日期部分，日期)	返回表示指定日期的指定日期部分的整数

例如：

　　　SELECT getdate()

这条语句查询当前的系统时间，返回结果类似于"2019-03-28 18:57:24.153"的形式，具体内容是执行这条语句时的数据库服务器的系统时间。

【例 4-17】　查询员工表中所有员工的年龄和入职时的年龄。

　　　SELECT empNo, empName, year(getdate() – year(empBirthday) as '员工年龄', datadiff (year, empBirthday, empEntryTime) as '入职年龄'

　　　FRRM employee

2. 字符串函数

字符串函数用来对字符和字符串进行各种操作。大部分字符串函数只能作用于 char、nchar、varchar、nvarchar 这四种数据类型，或者隐式转换为这些数据类型。表 4-5 列出了常用的字符串函数。

表 4-5　字符串函数

函数名称及参数	说　　明
charindex(字符串表达式 1，字符串表达式 2[，整数表达式])	在字符串表达式 2 中查找字符串表达式 1，如果存在返回第一个匹配的位置，如果不存在返回 0
substring(字符串表达式，开始位置，长度)	返回从指定位置开始的，长度为指定长度的子字符串
left(字符串表达式，整数表达式)	返回字符串表达式中从左边开始指定个数的字符
right(字符串表达式，整数表达式)	返回字符串表达式中从右边开始指定个数的字符
len(字符串表达式)	返回指定字符串表达式的字符数，其中不包含尾随空格
stuff(字符串表达式 1，开始位置，长度，字符串表达式 2)	在字符串表达式 1 中，从指定的开始位置删除指定长度的字符串，并在指定的开始位置处插入字符串表达式 2，返回新字符串
replace(字符串表达式 1，字符串表达式 2，字符串表达式 3)	用字符串表达式 3 替换字符串表达式 1 中出现的所有字符串表达式 2 的匹配项，返回新的字符串
ltrim(字符串表达式)	返回删除了前导空格之后的字符表达式
rtrim(字符串表达式)	返回删除了尾随空格之后的字符表达式

【例 4-18】 列出同姓的员工。

SELECT　e1.empNo, e1.empName, e2.empNo, e2.empName

FROM employee e1,　employee e2

WHERE left (e1.empName, 1) = left (e2.empName，1)

AND　e2.empNo > e1.empNo;

该查询语句对 employee 表进行了自身连接查询。请读者思考 WHERE 条件中"AND e2.empNo > e1.empNo"的作用。

3. 类型转换函数

SQL Server 在处理不同类型的值的类型转换时，有两种方式，一种是隐式的类型转换，数据类型相近的数值(如 int 型和 float 型)之间，或者纯数字组成的字符串与数字之间，可进行隐式的类型转换。比如"PRINT 123456"，系统在执行这条语句时，将数值 123456 隐式转换为字符串"123456"。

但大部分情况下，不同的数据类型之间是不能进行隐式的类型转换的，需要使用函数 cast 和 convert 进行显示的类型转换。这两个函数功能类似，但是 convert 在进行日期转换时还提供了丰富的样式，cast 只能进行普通的日期转换，如表 4-6 所示。

表 4-6　类型转换函数

函数名称及参数	说　明
convert(数据类型[(长度)]，表达式 [，样式])	将一种数据类型的表达式显式转换为另一种数据类型的表达式。长度：如果数据类型允许设置长度，可以设置长度，例如 varchar(10)；样式：指定将日期类型的数据转换为字符数据类型的日期格式的样式
cast(表达式　as　数据类型[(长度)])	将一种数据类型的表达式显式转换为另一种数据类型的表达式

其中，参数样式可以指定日期的格式，默认设置为 mon dd yyyy hh:miAM(或 PM)；1 或 101 对应格式 mm/dd/yyyy(美国)；2 或 102 对应格式 ANSI yy.mm.dd；3 或 103 对应格式 dd/mm/yy(英国/法国)；4 或 104 对应格式 dd.mm.yy(德国)；5 或 105 对应格式 dd-mm-yy(意大利)；120 对应 ODBC 规范 yyyy-mm-ddhh:mi:ss(24h)。

【例 4-19】 列出员工姓名和出生日期，其中出生日期的格式为"yyyy-mm-dd"。

SELECT　empName,　counvert (char(10),　empBirthday, 120) as '出生日期'

FROM　employee;

4.4　存 储 过 程

存储过程(Procedure)跟表(Table)、视图(View)等一样，是数据库的一种对象。它由一组 SQL 语句组成，能完成某个特定的功能，预先编译后存储在数据库中，供程序多次调用。

【例 4-20】 创建一个名为 proc_pr 的存储过程，该存储过程先判断当前数据库中是否存在 mytable 表，如果存在，则删除该表；如果不存在，打印出"不存在表 mytable"。然后，再判断当前数据库中是否存在 proc_myproc 存储过程，如果存在就删除，不存在就打印出提示信息。

```
CREATE PROCEDURE proc_pr
AS
BEGIN
    IF EXISTS(SELECT * FROM sysobjects WHERE TYPE =  'U' AND NAME =  'mytable')
            --判断数据库中是否存在 mytable 表，类型"U"表示是用户表
    BEGIN
        PRINT '存在要删除的表 mytable';
        DROP TABLE mytable;
        PRINT '已经删除表 mytable';
    END
    ELSE
        PRINT '不存在表 mytable';
    IF EXISTS(SELECT * FROM sysobjects WHERE TYPE = 'P' AND NAME = 'proc_myproc')
            --判断数据库中是否存在 proc_myproc 存储过程，类型"P"表示存储过程
    BEGIN
        PRINT '存在要删除的存储过程 proc_myproc';
        DROP PROCEDURE proc_myproc;
        PRINT '已经删除存储过程 proc_ myproc ';
    END
    ELSE
        PRINT '不存在存储过程 proc_ myproc ';
END
--执行存储过程
EXEC proc_pr;
```

如果该存储过程中没有指明要删除的表和存储过程，而是将需要删除的表和存储过程作为参数，由用户在调用存储过程时指定，则将例 4-20 中存储过程的程序修改如下：

【例 4-21】 修改例 4-20 中的存储过程，把表名和存储过程名称作为参数传入。

```
ALTER   PROCEDURE   proc_pr
( @tableName   varchar(30), @procName   varchar(30))
        --用两个变量分别代表需要删除的表和存储过程
AS
BEGIN
    DECLARE @string            varchar(50)
    IF EXISTS(SELECT * FROM sysobjects WHERE TYPE = 'U' AND NAME = @tableName)
    BEGIN
        PRINT '存在要删除的表' + @tableName;
        SET @string = 'DROP TABLE ' + @tableName;
```

```
        EXEC sp_executesql @string
        PRINT '已经删除表' + @tableName;
    END
    ELSE
        PRINT '不存在表' + @tableName;
    IF EXISTS(SELECT * FROM sysobjects WHERE TYPE = 'P' AND NAME = @procName)
    BEGIN
        PRINT '存在要删除的存储过程' + @procName;
        SET @string = 'DROP PROCEDURE ' + @procName;
        EXEC sp_executesql @string
        PRINT '已经删除存储过程' + @procName;
    END
    ELSE
        PRINT '不存在存储过程' + @procName;
END
--执行该存储过程
EXEC proc_pr 'mytable',  'mypproc';
```

出版社管理系统中，根据需求在数据库中设置了以下几个存储过程供系统实现时调用：

(1) 按图书编号查看库存量：proc_ReturnPrtQty。

【例 4-22】　根据图书编号查看图书的库存量。

```
CREATE PROCEDURE proc_ReturnPrtQty
(@no CHAR(5))
AS
BEGIN
    SELECT bkPrtQty
    FROM books
    WHERE bkNo = @no
END
```

(2) 按时间段查看图书合同：proc_ReturncContracts。

【例 4-23】　根据时间段，查看该时间段内已签订的图书合同的情况，包括合同编号、图书编号、图书名、第一作者姓名、联系电话、联系地址、邮箱、首印数量、版税、付款方式、签订时间。

```
CREATE PROCEDURE proc_ReturncContracts
(@startTime DATE, @endTime DATE)
AS
BEGIN
    SELECT  con.conNo, bk.bkNo, bkTitle, au.auName, auTelephone, auAddress, auEmail,
conNumber, conRoyalty, '付款方式' =
```

```
              CASE conPay WHEN 1 THEN '销售完付全款'
                         WHEN 2 THEN '印刷后即付全款'
                         WHEN 3 THEN '销售和印刷后各付一半版税'
              END,
          conTime
   FROM Contracts con join   books bk on con.bkNo = bk.bkNo
       JOIN Authored aud on bk.bkNo = aud.bkNo JOIN Authors au ON aud.auNO = au.auNo
   WHERE   auOrder = 1   AND conTime BETWEEN @startTime AND @endTime;
END
```

(3) 按书名查看印刷情况：proc-TitleQuantity。

【例 4-24】 根据图书名查看该图书的销售情况。如有多个版次，将每一版次的销售量都列出。

```
CREATE PROC proc_TitleQuantity
(@title varchar(30))
AS
BEGIN
    SELECT bkTitle, prtNumber, sum(odQuantity)
    FROM books JOIN orderDetails od ON books.bkNo = od.bkNo
    WHERE bkTitle = @title
    GROUP BY bkTitle，prtNumber
END
```

(4) 生成订货单编号：proc_genereteOradeNo。

【例 4-25】 订货单编号由存储过程自动生成，前 8 位为当天的日期，后 3 位为当天的订货单序号，比如 2019 年 2 月 1 日的第一张订货单编号为 20190201001，以此类推。

```
/*④生成订货单编号：订货单编号由存储过程自动生成，前 8 位为当天的日期，后 3 位为当天
的订货单序号，比如 2018 年 12 月 1 日的第一张订货单编号为 20181201001，以此类推。*/
CREATE   PROC proc_genereteOradeNo
(@orderNo varchar(11)   OUTPUT)
AS
BEGIN
    DECLARE   @maxOrderNo        char(11)         --存放订单表中已有的最大订单号
            , @dateToChar char(8)                 --最大订单号前 8 位日期字符串
              @maxNo        char(3)               --最大订单号中后三位编号
            , @fourNo   char(4)                   --为了方便处理前面的 0
    SELECT   @maxOrderNo = max(ordNo) FROM orders
    SELECT @dateToChar = CONVERT(char(8), @maxOrderNo),
           @maxNo = RIGHT (@maxOrderNo, 3)
    IF @dateToChar = CONVERT(char(8), GETDATE(), 112)
    BEGIN
```

```
        SELECT @fourNo = '1' + @maxNo
        SELECT @maxNo = RIGHT(CAST(CONVERT(smallint, @fourNo) + 1 AS CHAR(4)) , 3)
END
ELSE
        SELECT @dateToChar = CONVERT(char(8), GETDATE(), 112), @maxNo = '001'
    SELECT @orderNo = @dateToChar + @maxNo
    RETURN @orderNo
END
```

执行该存储过程前先插入一条当天的订货单号，以便测试。

```
INSERT INTO orders(ordNo, selNo, empNo, ordTime, ordSendtime, ordQuantity)
VALUES('20181002009', '20020', '10010', getdate(), '2018-12-01', 100)
```

这两行代码插入了一条当天的第 009 号订货单，执行后看返回的的订货单编号是否是 010 号：

```
DECLARE @orderNo varchar(11)
EXEC   proc_genereteOradeNo @orderNo OUTPUT
PRINT @orderNo
```

注意，程序中需要考虑日期型数据的处理，CONVERT(char(8)，GETDATE()，112)中的 112 对应的日期输出格式是"20181002009"这种形式，正好符合订货单号的格式。

(5) 处理指定日期的订购单：proc_ProcessOrder。

【例 4-26】 默认情况下，对当天的所有订购单进行处理。当所购图书库存充足时直接生成出库单，以便仓库出货，并修改图书的当前量；当库存不足时，将自动生成一条缺货记录。

```
CREATE PROC proc_ProcessOrder
(@date datetime = NULL)                  --设置默认值 NULL 是为了使用当天日期为默认值
AS
BEGIN
    DECLARE   @orderNo    char(11)
        , @bkNo      char(5)
        , @orderQty int
        , @prtQty    int
        , @whno      char(2)
        , @empNo     char(5)
    DECLARE c1 CURSOR FOR SELECT od.ordNo, od.bkNo, od.odQuantity, bkPrtQty, whNo, empNo
        FROM orderDetails od JOIN books ON od.bkNo = books.bkNo
                            JOIN orders ON od.ordNo = orders.ordNo
        WHERE orders.ordTime = isnull(@date, getdate());
            --isnull 函数：如果@date 的值不为 NULL，结果返回@date;
            --如果@date 的值为 NULL，结果返回 getdate()的值。
```

```
OPEN c1;
FETCH C1 INTO @orderNo, @bkNo, @orderQty, @prtQty, @whNo, @empNo;
WHILE(@@FETCH_STATUS = 0)
BEGIN
    IF @orderQty <= @prtQty
    BEGIN
        INSERT INTO InoutWH(whNo, bkNo, ioType, ioTime, ioQuantity, empNo)
        VALUES(@whNo, @bkNo, '2', getdate(), @orderQty, @empNo);
        UPDATE books
        SET bkPrtQty = bkPrtQty - @orderQty
        WHERE bkNo = @bkNo;
    END
    INSERT INTO OutOfStock(bkNo, oosQuantity, empNo, oosTime)
    VALUES(@bkNo, @orderQty, @empNo, getdate())
END
CLOSE c1;
DEALLOCATE c1;
END
```

本例中采用了游标(CURSOR)，关于游标的介绍在本书中不再展开。

4.5　触　发　器

触发器是一类由数据库操作事件(插入、删除、修改)驱动的特殊过程，一旦由某个用户定义，任何用户对该触发器指定的数据进行增、删或改操作时，系统将自动激活相应的触发动作，在数据库服务器上进行集中的完整性控制。

触发器是一种特殊类型的存储过程，但又不同于存储过程。触发器主要是通过事件进行触发然后被自动调用执行的，而存储过程是通过存储过程的名称被调用的。

4.5.1　触发器的组成和类型

触发器的定义包括两个方面，一是指明触发器的触发事件，二是指明触发器执行的动作。

触发事件包括表中行的插入、删除和修改，即 INSERT、DELETE、UPDATE 语句的执行。在定义触发器时，必须要指定一个触发器条件，也可以同时指定多个条件。在修改操作(UPDATE)中，还可以指定触发条件为特定的属性或属性组的修改。

事件的触发还有两个相关的时间：BEFORE 和 AFTER。Before 触发器是在事件发生之前触发，After 触发器是在事件发生之后触发。

触发动作实际上是一系列 SQL 语句，可以有两种方式：

(1) 对被事件影响的每一行(FOR EACH ROW)即每一元组执行触发过程，称为行级触发器。

(2) 对整个事件只执行一次触发过程(FOR EACH STATEMENT)，称为语句级触发器。该方式是触发器的默认方式。

综合触发时间和触发方式，触发器的基本类型如表 4-7 所示。

表 4-7 触发器的类型

触发点	FOR EACH STATEMENT(默认)	FOR EACH ROW
BEFORE 选项	语句前触发器：在执行触发语句前激发触发器一次	行前触发器：在修改由触发语句所影响的行前，激发触发器一次
AFTER 选项	语句后触发器：在执行触发语句后激发触发器一次	行后触发器：在修改由触发语句所影响的每一行后，激发触发器

4.5.2 创建触发器

创建触发器的语句格式为：

```
CREATE TRIGGER <触发器名> [{ BEFORE | AFTER }]
        {[DELETE | INSERT | UPDATE OF[列名清单]]}
        ON  表名
        [REFERENCING <临时视图名>=
        [WHEN <触发条件>=
            <触发动作>
        [FOR EACH { ROW | STATEMENT }]
```

在触发器编程中可以使用的两个临时视图(虚拟表)为 inserted 和 deleted 表。这两个虚拟表的表结构与触发器的主体表(也就是用户准备执行操作的表)结构一样，用于保存用户操作可能更改的行的旧值或新值。在 inserted 表中记录了修改后(或新插入的)记录值，Deleted 表中包含了修改前(或被删除的)记录值。

在触发器的编程中可以使用类似于以下的查询语句：

```
SELECT * FROM inserted        --取得新增或修改后的数据行
SELECT * FROM deleted         --取得被删除或修改前的数据行
```

SQL Server 允许为任何给定的 INSERT、UPDATE 或 DELETE 语句创建多个触发器。2.6.4 小节中设计了三个触发器，代码实现如下：

(1) 自动生成收款情况记录：tri_ins_order。

【例 4-27】 当向订单表 orders 中插入一条记录时，自动在收款情况表 Accounts 中生成一条收款情况记录，其中的应收款由订购单中的总价和折扣计算而得，付款情况默认为1(未付)。

```
/*自动生成收款情况记录(tri_ins_order)*/
CREATE TRIGGER tri_ins_order
ON orders
AFTER INSERT
```

```
AS
BEGIN
        DECLARE @ordNo     char(11)
                    , @selNo     char(5)
                    , @empNo     char(5)
                    , @ordPayment     decimal(8, 1)
                    , @ordDiscount     decimal(2, 1)
        SELECT @ordNo = ordNo, @selNo = selNo, @empNo = empNo,
                    @ordPayment = ordPayment,
                    @ordDiscount = ordDiscount
        FROM inserted
        INSERT INTO accounts(ordNo, selNo, ordPayment, accPayment, ordTap)
        VALUES (@ordNo, @selNo, @ordPayment*@ordDiscount, 0, 1)
END
```

(2) 订购单的"付款情况"值的自动跟踪：tri_upd_account。

【例 4-28】 当修改收款情况表 Accounts 的已收款 accPayment 字段时，若已付款等于应收款，修改订单表的付款情况为 0；若已付款少于应收款，修改订单表的付款情况为 2；若已付款为 0，订单表的付款情况为 1(默认)。

```
CREATE TRIGGER tri_upd_accounts
ON accounts
AFTER UPDATE
AS
BEGIN
        IF UPDATE(accPayment)
        BEGIN
                DECLARE @accid               int
                        , @ordNo               char(11)
                        , @accpayment decimal(8, 1)
                        , @ordpayment decimal(8, 1)
                SELECT @ordpayment = ordpayment, @accpayment = accPayment
                    , @accid = accid, @ordNo     = ordNo     FROM inserted
                IF @accpayment = @ordpayment
                UPDATE accounts
                SET ordTap = '0'
                WHERE accid     = @accid AND ordNo = @ordNo
                ELSE
                UPDATE accounts
                SET ordTap = '2'
                WHERE accid     = @accid AND ordNo = @ordNo
```

```
        END
    END
```

(3) 库存不足自动生成缺货记录。

【例 4-29】　当新生成订货单(即在订货单中插入一条订购记录)时，如果所购的图书库存充足，则数据库中直接生成一张出库单(一条出库记录)，以便仓库出货，同时修改图书的当前量。当库存不足时，自动生成一条缺货记录，记录人字段为 0(表示系统自动产生)。

```
CREATE TRIGGER tri_ins_orderDetails

ON orderDetails

AFTER INSERT

AS

BEGIN

        DECLARE @bkNo char(5)

                , @ordQuantity int

                , @bkPrtQty int

                , @whNo        char(2)

                , @bklastNumber tinyint

        SELECT @bkNo = bkNo, @ordQuantity = odQuantity

        FROM inserted;

        SELECT @bkPrtQty = bkPrtQty, @whNo = whNo

        FROM books

        WHERE bkNo = @bkNo ;

        IF @ordQuantity <= @bkPrtQty

        BEGIN

                INSERT INTO InoutWH (whNo, bkNo, ioType, ioQuantity, empNo)

                VALUES(@whNo, @bkNo, '2', @ordQuantity, '00000');

                UPDATE books

                SET bkPrtQty = bkPrtQty - @ordQuantity

                WHERE bkNo = @bkNo ;

        END

        ELSE

                INSERT INTO [print](bkNo, prtQuanttiy, prtFNumber, empNo)

                VALUES(@bkNo, @ordQuantity - @bkPrtQty, @bklastNumber, '00000')

END
```

本书的案例中，以下需求场景也都比较适合使用触发器：

(1) 加印申请处理。根据缺货记录表中的状态，状态为 1("缺货")的记录将产生加印单。加印单生成并导出后，需要领导审核通过后方可进行加印。

(2) 印刷处理。如果是首次印刷，则根据印刷要求添加印刷记录；如果是加印，则根据审核后的加印单情况进行加印，并同时修改缺货表中相应记录的状态为 0("已完成")。

(3) 入库处理。图书入库时，要在出入库表中产生一条入库记录(即类型为"入库")，同时对图书表中的"当前量"字段进行修改(增加)。

(4) 出库处理。图书出库时，将在出入库表(inoutWh)中产生一条记录(类型为"出库")，同时对图书表中的"当前量"字段进行修改(减少)。

以上需求场景的触发器编程，请读者自行完成。

4.6　本章小结

本章主要介绍了 T-SQL 编程的基础知识，包括变量、运算符、流程控制、命令及函数，还介绍了存储过程和触发器的编程过程，并在 SQL Server 中为案例出版社管理系统创建了存储过程和触发器。

变量、运算符、流程控制和系统内置函数是存储过程和触发器编程的基础。变量对应内存中的一个存储空间，变量的值在程序运行过程中可以随时改变；运算符能够用于算术运算、字符串连接、赋值以及在字段、常量和变量之间进行比较等；流程控制语句可以使 T-SQL 代码由顺序执行转变为按需要控制执行；命令和内置函数可以使用户方便快捷地执行某些操作。

存储过程是常用的或者复杂的数据库操作的预编译集合，它作为一个单元保存在数据库中，应用程序可以通过调用的方法执行存储过程，从而提高系统性能。触发器是特殊用途的存储过程，没有参数也不能有返回值，是在执行某些 T-SQL 语句时，系统自动执行的程序。

第 5 章　案例系统的实现

本章首先介绍 Java 开发环境的配置，然后阐述如何使用 Java 操作 SQL Server 数据库，最后介绍出版社管理系统主要功能的实现。

5.1　数据库应用系统开发环境配置

本节将介绍系统开发环境的配置，以便为快速使用 Jave 开发数据库应用系统提供开发环境。

5.1.1　系统开发环境与工具

操作系统选择 Windows 7 或更高版本(建议 Windows10)，也可以选择 Mac OS 10.10 或更高版本。注意，Mac OS 操作系统不支持安装 SQL Server，如果需要使用 Mac OS，可以选择在虚拟机中安装 SQL Server，然后在 Mac OS 操作系统中使用 IDEA 链接虚拟机中的 SQL Server。

开发工具包括 IntelliJ IDEA 2018、Java SDK(Java SE Development Kit 8u181)和 SQL Server 2014。要求已经在数据库管理系统中创建好 Publisher 数据库(详见 4.2 节)。

5.1.2　环境变量配置

开发工具 IntelliJ IDEA 2018 和 Java SDK 的安装详情见附录 D，安装完成后需要对环境变量进行配置，以便后续开发时正常使用这些工具。环境变量配置步骤如下：

(1) 右击桌面"此电脑"(也可能是"这台电脑"、"我的电脑"等)，选择"属性"，点击左侧目录中的"高级系统设置"，点击选择"环境变量"，进入环境变量的设置，点击"高级系统设置"，在弹出的"系统属性"窗口中点击"高级"标签，再点击"环境变量"按钮。如图 5-1 所示。

图 5-1　设置系统环境变量

（2）配置 JAVA_HOME 环境变量。在弹出的"环境变量"窗口中点击"新建"按钮，然后在弹出的"新建系统变量"中新建一个名为"JAVA_HOME"的环境变量，变量值为 Java 安装路径。这里安装路径为："D:\Program Files\Java\jdk1.8.0_181"。如图 5-2 所示。

图 5-2　配置 JAVA_HOME 环境变量

（3）配置 Path 环境变量。该变量已经存在，所以在列表中选择 Path，点击下方的"编辑"按钮，在弹出的窗口中添加如下信息："%JAVA_HOME%\bin"、"%JAVA_HOME%\jre\bin"，然后点击"确认"按钮即可。如图 5-3 所示。

图 5-3　配置 Path 环境变量

（4）配置 CLASSPATH 环境变量。在图 5-2 所示的"环境变量"对话框中，点击系统变量标签下的"新建"，然后在新建系统变量对话框里输入变量名"CLASSPATH"，再输入变量值".;%JAVA_HOME%\lib;%JAVA_HOME%\lib\dt.jar;%JAVA_HOME%\lib\tools.jar"，点击"确定"。注意，".;"不能省略。如图 5-4 所示。

图 5-4　配置 CLASSPATH 环境变量

(5) 在配置好环境变量后，可以进入 CMD 中检查 Java 是否安装正确。检查的命令为
"java –version"，如图 5-5 所示。如果能正确输出 Java 的版本和 JVM 版本信息，则说明
Java 安装正确。

图 5-5　验证 Java 安装正确

5.2　使用 IntelliJ IDEA

5.2.1　创建第一个控制台程序

创建系统的第一个控制台程序包括以下步骤：

(1) 打开 IntelliJ IDEA 2018 软件(具体安装请参见附录 D)，出现如图 5-6 所示的欢迎窗
口。点击"Create New Project"，创建新的工程文件。

图 5-6　创建新的工程文件

（2）选择安装的 SDK 版本，如图 5-7 所示，点击"New"选择安装的 JDK 目录（这里是"D:\Program Files\Java\jdk1.8.0_181"）即可获取安装的 JDK 版本，点击"Next"继续。

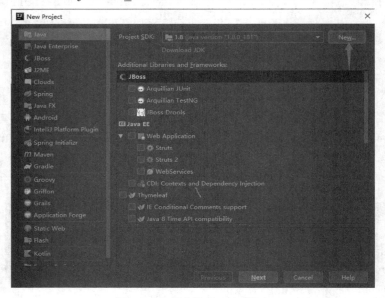

图 5-7　选择安装的 SDK 版本

（3）在弹出的窗口中点"Next"，然后在弹出的窗口中填写工程名，选择工程路径，展开左边 FirstProject 项目后，右击 src→New→Java Class，创建第一个类，如图 5-8 所示。

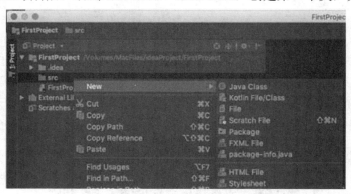

图 5-8　创建新类

（4）在弹出的"Create New Class"窗口中，输入类名，如图 5-9 所示。

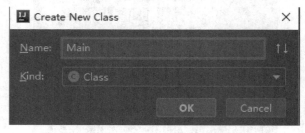

图 5-9　输入新建类名

(5) 新建第一个类文件 Main.java，编程输出 "hello, world"，如图 5-10 所示。Main.jave
的代码如下：

```java
public class Main {
    public static void main(String[] args) {
        System.out.println("hello, world");
    }
}
```

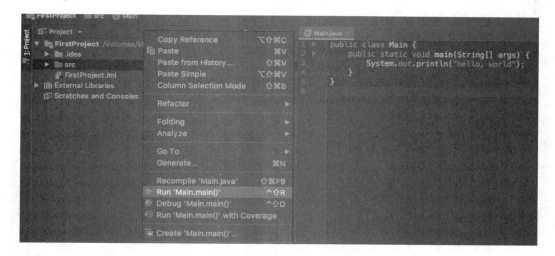

图 5-10　第一个类文件 Main.java

(6) 运行程序，最下方的控制台将显示运行结果，如图 5-11 所示。

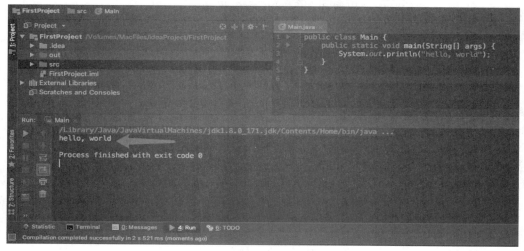

图 5-11　Main.java 程序运行结果

5.2.2　创建第一个窗体程序

创建第一个窗体程序包括以下几步：

(1) 展开 FirstProject 项目后，右击 src→New→GUI Form，创建第一个窗体程序，如图 5-12 所示。

(2) 在弹出的"New GUI Form"窗口中，输入窗体程序名，然后点击"OK"确定，如图 5-13 所示。

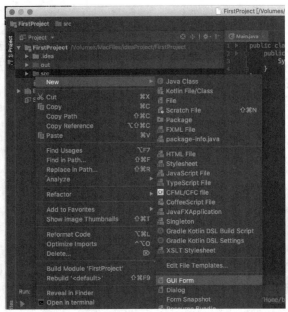
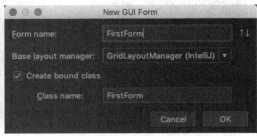

图 5-12　创建新的窗体程序   图 5-13　输入新建窗体程序名

(3) 窗体程序创建完成，出现如图 5-14 所示的界面。

图 5-14　窗体程序创建完成界面

5.2.3　JDBC 连接数据库的步骤

创建一个以 JDBC 连接数据库的程序，包含 7 个步骤(有关 JDBC 的知识，可以参见附录 C)。

1) 加载 JDBC 驱动程序

在连接数据库之前，首先要把想要连接的数据库的驱动加载到 JVM(Java 虚拟机)。这一步通过 java.lang.Class 类的静态方法 forName(String className)来实现。

2) 提供 JDBC 连接的 URL

JDBC 连接 URL 具体见表 5-1。

表 5-1　JDBC 连接 URL

数据库	Class.forName	URL
sqlserver	com.microsoft.jdbc.sqlserver.SQLServerDriver	jdbc:sqlserver://localhost:1433;DataBase = 数据库名称
mysql	com.mysql.jdbc.Driver	jdbc:mysql://localhost:3306/数据库名称
oracle	oracle.jdbc.driver.OracleDriver	jdbc:oracle:thin:@localhost:1521:'数据库名称'

3) 创建数据库的连接

如果需要连接数据库，需要向 java.sql.DriverManager 请求并获得 Connection 对象，该对象就代表一个数据库的连接。使用 DriverManager 的 getConnectin(String url，String username，String password)方法传入指定的欲连接的数据库的路径、用户名和密码来获得 Connection 对象。

4) 创建一个 Statement

当执行 SQL 语句时，必须获得 java.sql.Statement 实例。Statement 实例分为三种类型：

(1) 执行静态 SQL 语句，通常通过 Statement 实例实现。语句如下：

　　Statement stmt = con.createStatement();

(2) 执行动态 SQL 语句，通常通过 PreparedStatement 实例实现。语句如下：

　　PreparedStatement pstmt = con.prepareStatement(sql) ;

(3) 执行数据库存储过程，通常通过 CallableStatement 实例实现。语句如下：

　　CallableStatement cstmt = con.prepareCall("{CALL demoSp(?，ｆ)}") ;

5) 执行 SQL 语句

Statement 接口提供了 executeQuery、executeUpdate 和 execute 三种执行 SQL 语句的方法：

(1) ResultSet executeQuery(String sqlString)执行查询数据库的 SQL 语句，返回结果集 (ResultSet)对象，代码如下：

　　ResultSet rs = pstmt.executeQuery() ;

(2) int executeUpdate(String sqlString)用于执行 INSERT、UPDATE 或 DELETE 语句以及 SQL DDL 语句，如 CREATE TABLE 和 DROP TABLE 等，代码如下：

　　int rows = pstmt.executeUpdate() ;

(3) execute(sqlString)用于执行返回多个结果集、多个更新计数或二者组合的语句，代码如下：

```
boolean flag = pstmt.execute() ;
```

6) 处理结果

(1) ResultSet 包含符合 SQL 语句中条件的所有行，并且通过一套 get 方法提供了对这些 行中数据的访问。

(2) 使用结果集(ResultSet)对象的访问方法获取数据，代码如下所示：

```
while(rs.next()){
            String name = rs.getString("name") ;        //数据库中字段
       String pass = rs.getString(1) ;                   //此方法比较高效
            }
```

7) 关闭 JDBC 对象

操作完成以后要把所有使用的 JDBC 对象全都关闭，以释放 JDBC 资源。关闭顺序和声明顺序相反，依次为关闭记录集、关闭声明、关闭连接对象。代码如下：

```
if(rs != null){     // 关闭记录集
    try{
        rs.close() ;
    }catch(SQLException e){
        e.printStackTrace() ;
    }
}
if(stmt != null){     // 关闭声明
    try{
        stmt.close() ;
    }catch(SQLException e){
        e.printStackTrace() ;
    }
}
if(conn != null){   // 关闭连接对象
    try{
        conn.close() ;
    }catch(SQLException e){
        e.printStackTrace() ;
    }
}
```

5.2.4　在 IntelliJ IDEA 中使用 JDBC 连接数据库

出版社管理系统采用 JDBC 数据源连接数据库，具体操作步骤如下：

(1) 先去官网下载 SQL Server JDBC 驱动包，下载地址为 https://www.microsoft.com/zh-CN/download/details.aspx?displaylang = en&id = 11774。

(2) 打开 idea 工程，按快捷键 Ctrl + Alt + Shift + S，弹出如图 5-15 所示的界面，类似 Eclipse 的 add to build path 功能。依次按图示中的 1、2、3、4 步骤点击相关内容，然后点击 "OK" 确定。

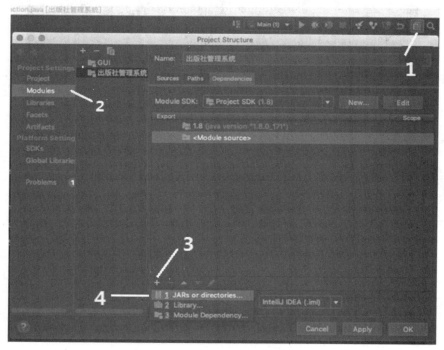

图 5-15 添加 SQL Server JDBC 驱动包

(3) 在弹出的如图 5-16 所示的界面中选择 JDB 驱动包文件，将 JDBC 驱动包添加到项目里。

图 5-16 选择 SQL Server JDBC 驱动包

(4) 选中需要加入的 SQL Server JDBC 驱动包 "mssql-jdbc-7.0.0.jre8.jar"，然后点击 "Open"，出现图 5-17 所示的界面，最后点击 "OK" 确定。

图 5-17　SQL Server JDBC 驱动包添加成功的界面

（5）连接数据库，本项目将连接数据库的代码封装在 **SqlFunction.java** 中，关键代码如下：

```
public class SqlFunction {
    private static String driver = "com.microsoft.sqlserver.jdbc.SQLServerDriver";
    private static String link = "jdbc:sqlserver://10.211.55.3:1433;DatabaseName = Publisher";
    private static String userName = "sa";
    private static String passWord = "123456";
    private static Connection connection = null;
    private static PreparedStatement preparedStatement = null;
    private static int x = 0;
    private static ResultSet resultSet = null;

    /**
    * 快速执行查询数据
    * @param sqlLanguage  数据库语句
    * @param psString  需要填坑的字段
    * @param isLike  是否模糊查询
    * @return  查询的 resultSet 结果
    */
    public static ResultSet doSqlSelect(String sqlLanguage,    String[] psString, boolean isLike){
        try {
            Class.forName(driver);
            System.out.println("成功加载驱动");
            connection = DriverManager.getConnection(link, username, passWord);
            System.out.println("成功连接数据库");
            preparedStatement = connection.prepareStatement(sqlLanguage);
```

```
for (int i = 0; i < psString.length; i++) {
    if(isLike){
        preparedStatement.setString(i+1, "%"+psString[i]+"%");
    }else {
        preparedStatement.setString(i+1, psString[i]);
    }
}
resultSet = preparedStatement.executeQuery();
} catch (ClassNotFoundException | SQLException e1) {
    e1.printStackTrace();
}
return resultSet;
}
```

5.3　出版社管理系统部分功能实现

　　本节将描述出版社管理系统中主要功能模块的实现。以系统登录主界面和人员管理界面为例，对实现过程、数据库访问方法进行了详细讲解，另外对图书管理、图书印刷管理、出库管理、库存统计查询等模块的重点部分程序进行了说明，并对系统中使用的部分通用功能程序进行了解析。读者可以根据功能实现的结构，应用自己掌握的前台开发语言来完成数据库的编程工作。

5.3.1　系统登录主界面的实现

1. 登录功能实现效果与分析

　　用户需要使用本系统，必须先进行登录。登录用户分为出版社用户和商家用户。出版社用户相当于本系统的工作人员，负责对整个系统进行管理；商家用户为本系统的客户，可对图书进行订购操作。用户密码通过哈希算法(SHA1)进行加密，关键代码如下：

```
AdminPassWord = SHA1.encode(AdminPassWord
String sqlLanguage;
if (isPressModel){
    sqlLanguage = "SELECT * FROM Employee WHERE empNo = ? and empPwd = ?";
}else {
    sqlLanguage = "SELECT * FROM Sellers WHERE selNo = ? and selPwd = ?";
}
```

　　如果数据库查询失败，程序将会执行以下数据库语句，判定是密码错误还是用户名不存在。

```
if (isPressModel){
```

```
        sqlLanguage = "SELECT * FROM Employee WHERE empNo = ?";
    }else {
        sqlLanguage = "SELECT * FROM Sellers WHERE selNo = ?";
    }
```

　　登录成功后，系统将用户 ID、用户名、部门 ID、权限等登录信息进行保存，关键代码如下：

```
    LoginInfo.setLoginNo(loginID);
    if (isPressModel) {
        LoginInfo.setLoginName(resultSet.getString(1));
        LoginInfo.setDeptNo(resultSet.getString(2));
        LoginInfo.setLoginAuthority(resultSet.getString(3));
    } else {
        LoginInfo.setLoginName(resultSet.getString(1));
        LoginInfo.setDeptNo("商家");
        LoginInfo.setLoginAuthority("00200000");
    }
```

登录主界面如图 5-18 所示。

图 5-18　系统登录主界面

2. 登录功能实现的操作步骤

1) 创建工程文件

打开 IntelliJ IDEA 2018 软件，按照 5.2 节中的方法创建出版社管理系统的工程项目文件，命名为 Publishing-management-system-master，如图 5-19 所示。

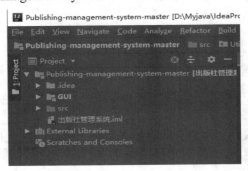

图 5-19　创建工程项目的展开图

2) 创建登录功能窗体

(1) 展开 Publishing-management-system-master 项目后，右击 src→New→GUI Form，创建登录窗体程序，如图 5-20 所示。

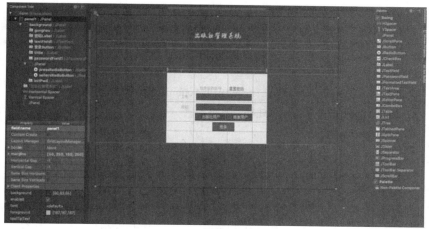

图 5-20　创建窗体的界面

登录窗体中各组件的详细设置说明如下：

- 最外层为 Jfram，即整个窗体；
- 窗体内为一个 JPanel，采用的是 GridLayoutManager (IntelliJ)布局；
- 在 JPanel 内上方为标题"出版社管理系统"，为 JLabel；
- 登录框主体为 JPanel，采用的是 GridL ayoutManager (IntelliJ)布局；
- "登录您的账号"、"重置密码"、"工号"、"密码"均为 JLabel；
- 重置密码下划线由 HTML 文本 <html><u>重置密码</u></html>实现；
- 工号的输入框为 JTextField；
- 密码的输入框为 JPasswordField；
- 登录功能有三组按钮，如图 5-21 所示，出版社用户和商家用户的单选按钮为 JRadioButton，外部为一个 JPanel，登录按钮为 JButton。

图 5-21　登录功能的三组按钮

(2) 初始化按钮功能代码解析。

出版社用户、商家用户和重置密码按钮响应事件的关键代码如下：

```
private void initButton() {

    buttonGroup = new ButtonGroup();
    //实例化一个 buttonGroup，在同一组内的按钮只能有一个按钮被选中
    buttonGroup.add(pressRadioButton);          //将出版社用户单选按钮加入 buttonGroup
    buttonGroup.add(sellersRadioButton);        //将商家用户单选按钮加入 buttonGroup
    pressRadioButton.setSelected(true);         //将出版社用户设置为默认选中状态
```

```
pressRadioButton.addActionListener(new ActionListener() {
    //对出版社用户单选按钮创建动作监听
    @Override
    public void actionPerformed(ActionEvent e) {
        setLoginModel();            //当按钮被点击时触发 setLoginModel()方法
    }
});
sellersRadioButton.addActionListener(new ActionListener() {
    //对商家用户单选按钮创建动作监听
    @Override
    public void actionPerformed(ActionEvent e) {
        setLoginModel();            //当按钮被点击时触发 setLoginModel()方法
    }
});
initPwd.setVisible(false);          //将重置密码 JLabel 设置为默认隐藏
initPwd.addMouseListener(new MouseAdapter() {
    @Override
    public void mousePressed(MouseEvent e) {        //对重置密码 JLabel 设置鼠标监听
        Frame frame = new InitPwd(isPressModel);    //将重置密码窗体进行实例化
        frame.showFrame();          //显示重置密码窗体
        super.mousePressed(e);
    }
});
initLogin();            //调用 initLogin()方法
}
```

(3) 登录按钮功能代码解析。

登录按钮执行流程如图 5-22 所示。

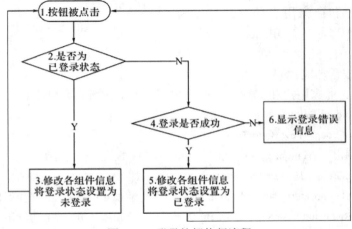

图 5-22　登录按钮执行流程

登录按钮响应事件的关键代码如下：

```
/**
 * 对登录按钮添加方法
 */
private void initLogin() {
    Button.addActionListener(new ActionListener() { //对登录按钮创建动作监听
        @Override
        public void actionPerformed(ActionEvent e) {
            String loginID, loginPwd;
            loginID = textField1.getText();
            loginPwd = new String(passwordField1.getPassword());
            //执行注销功能，将账号注销，并将组件设置为未登录状态，即可登录状态
            if (LoginInfo.isIsLogin()) {
                sellersRadioButton.setEnabled(true);
                pressRadioButton.setEnabled(true);
                initPwd.setVisible(false);
                tittle.setText("登录您的账号");
                Button.setText("登录");
                LoginInfo.setIsLogin(false);
                LoginInfo.setLoginNo("");
                LoginInfo.setLoginName("");
                gonghao.setText("工号");
                textField1.setText("");
                textField1.setEnabled(true);
                passwordField1.setVisible(true);
                passwordField1.setEnabled(true);
                passwordField1.setText("");
                Label.setVisible(true);
                jMenuBar.setVisible(false);
            } else {
                //调用 LoginInfo 类中的 login 方法，如果返回值是"Success"，则表示成功
                if (LoginInfo.Login(loginID, loginPwd, isPressModel).equals("Success")) {
                    sellersRadioButton.setEnabled(false);
                    pressRadioButton.setEnabled(false);
                    initPwd.setVisible(true);
                    tittle.setText("欢迎您");
                    Button.setText("注销登录");
                    LoginInfo.setIsLogin(true);
                    LoginInfo.setLoginNo(loginID);
```

```
String sql;
if (isPressModel) {
    setPressLogin();
        sql = "SELECT empName, deptNo, empAuthority FROM
            Employee WHERE empNo = ?";
} else {
    setSellersLogin();
    sql = "SELECT selTitle FROM    Sellers WHERE selNo = ?";
}
ResultSet resultSet = SqlFunction.doSqlSelect(sql,
                        new String[]{loginID}, false);
try {
    resultSet.next();
    if (isPressModel) {
        LoginInfo.setLoginName(resultSet.getString(1));
        LoginInfo.setDeptNo(resultSet.getString(2));
        LoginInfo.setLoginAuthority(resultSet.getString(3));
    } else {
        LoginInfo.setLoginName(resultSet.getString(1));
        LoginInfo.setDeptNo("商家");
        LoginInfo.setLoginAuthority("00200000");
    }
} catch (SQLException e1) {
    e1.printStackTrace();
}
gonghao.setText("用户名");
textField1.setText(LoginInfo.getLoginName());
textField1.setEnabled(false);
passwordField1.setVisible(false);
passwordField1.setEnabled(false);
Label.setVisible(false);
jMenuBar.setVisible(true);    }
            }
        }
    });
}
```

3) 创建登录控制台程序

展开 Publishing-management-system-master 项目后，右击 Src→New→Class，创建登录

控制台程序 LoginInfo.login()。本系统所有用户登录代码已封装进 LoginInfo.login()方法，
LoginInfo.login()方法关键代码如下：

```java
/**
 * 执行登录操作
 * @param AdminName 用户名
 * @param AdminPassWord 密码
 * @return 登录结果
 */
public static String login(String AdminName, String AdminPassWord，boolean isPressModel){
    if (StringUtil.isEmpty(AdminName) || StringUtil.isEmpty(AdminPassWord)) {
        JOptionPane.showMessageDialog(null, "工号或密码不能为空！");
        return "CanNotNull";
    } else {
        AdminPassWord = SHA1.encode(AdminPassWord);
        String sqlLanguage;
        if (isPressModel){
            sqlLanguage = "SELECT * FROM Employee WHERE empNo = ? and empPwd = ?";
        }else {
            sqlLanguage = "SELECT * FROM Sellers WHERE selNo = ? and selPwd = ?";
        }
        String[] psString = { AdminName, AdminPassWord };
        ResultSet resultSet = null;
        resultSet = SqlFunction.doSqlSelect(sqlLanguage, psString, false);
        try {
            if (resultSet.next()) {
                return "Success";
            } else {
                if (isPressModel){
                    sqlLanguage = "SELECT * FROM Employee WHERE empNo = ?";
                }else {
                    sqlLanguage = "SELECT * FROM Sellers WHERE selNo = ?";
                }
                psString = new String[]{ AdminName};
                if (SqlFunction.doSqlSelect(sqlLanguage, psString, false).next()) {
                    JOptionPane.showMessageDialog(null, "密码错误！");
                    return "passwordError";
                }
                JOptionPane.showMessageDialog(null，"不存在当前工号！");
                return "NoneAccount";
```

```
            }
        }   catch (SQLException e) {
                e.printStackTrace();
            }
            SqlFunction.closeAllLink();
        }
        return "Error";
    }
```

3. 商家模式和出版社模式切换

(1) 不同的角色用户登录系统时要求展示不同的功能操作，出版社用户登录的主界面如图 5-23 所示。出版社模式时系统各个功能都会显示。

图 5-23　出版社用户登录主界面

(2) 商家用户选择商家模式登录后，只能看到图书销售管理，且只能进入图书订购功能。

设置不同的角色用户登录时展示不同的功能操作，其关键代码如下：

```
    /**
     * 设置为出版社工作人员登录模式
     */
    private void setPressLogin() {
        jMenu.setVisible(true);
        jMenu1.setVisible(true);
        jMenu3.setVisible(true);
        jMenu4.setVisible(true);
        jMenu5.setVisible(true);
        menuShip.setVisible(true);
    }
    /**
     * 设置为商家登录模式
     */
    private void setSellersLogin() {
```

```
        jMenu.setVisible(false);
        jMenu1.setVisible(false);
        jMenu3.setVisible(false);
        jMenu4.setVisible(false);
        jMenu5.setVisible(false);
        menuShip.setVisible(false);
    }
```

　　（3）用户登录成功后，还可以修改自己的密码。点击图 5-23 所示的用户登录主界面中的"重置密码"按钮，进入如图 5-24 所示的"重置密码"对话框。

图 5-24　"重置密码"对话框

重置密码的关键代码如下：

```
    public InitPwd(boolean isPress) {
        Button.addActionListener(new ActionListener() {
            @Override
            public void actionPerformed(ActionEvent e) {
                String sql;
                if (isPress) {
                    sql = "UPDATE Employee SET empPwd = ? where empNo = ?";
                } else {
                    sql = "UPDATE Sellers SET selPwd = ? where selNo = ?";
                }
                String[] ps = getStrings();
                SqlFunction.doSqlUpdate(sql, ps);
                JOptionPane.showMessageDialog(null, "成功重置您的密码");
            }
        });
    }
```

5.3.2　人员管理

1. 人员管理功能实现效果与分析

　　因为登录密码框设置为密文状态，因此点击表单不会显示密码。当密码栏为空，添加人员时会将密码设置为"000000"("c984aed014aec7623a54f0591da07a85fd4b762d")；而修改人员时，如果不修改密码，只需将此栏留空，就不会改变原来的密码；创建新的人员时，权限为"00000000"，即不具备任何权限。因部门为外键，因此部门使用下拉框形式，如图5-25所示。

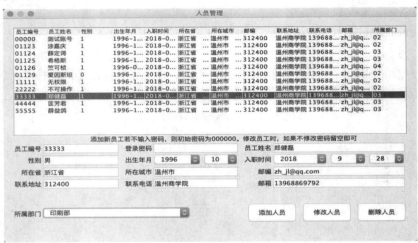

图 5-25　人员管理界面

人员管理界面的主要组件设置说明如下：

· 表单使用 JTable；

· 如果让用户输入日期的话，格式不符合要求极易报错，所以使用 JComboBox 控制，注意日期有大月小月和闰年；

· 所属部门是外键，外键一定要限制用户随意输入，故这里采用 JComboBox 控制。

2. 初始化表单

表单初始化的关键代码如下：

```
@Override
    public void initTable() {
        final Object[] columnNames = {"员工编号", "员工姓名", "性别", "出生年月", "入职时间",
    "所在 省", "所在城市", "邮编", "联系地址", "联系电话", "邮箱", "所属部门"};   /表头字段
    Object[][] rowData = {};
    TableColumn column = new TableColumn();
    column.setHeaderValue(columnNames);//设置表头
    table1.addColumn(column);
    TableModel dataModel = new DefaultTableModel(rowData, columnNames);
    table1.setModel(dataModel);
    String sqlLanguage = "SELECT * FROM Employee";              //数据库查询语句
    ControlFunction.setTable(sqlLanguage, new String[]{}, table1);  //将查到的数据，放入表中
    }
```

因为表单填充几乎在每个功能界面窗口中都会用到，所以将其功能封装起来，方便下

次使用。表单填充的关键代码如下：

```
/**
 * 使用数据库语言，录入 table 的内容
 * @param sqlLanguage  数据库语句
 * @param psString  需要填坑的字段
 * @param jTable1  需要被填充的 table
 */
public static void setTable(String sqlLanguage, String[] psString, JTable jTable1) {
    int count = 0;
    ((DefaultTableModel) jTable1.getModel()).getDataVector().clear();      //移除原来的数据
    DefaultTableModel defaultTableModel = (DefaultTableModel) jTable1.getModel();
    ResultSet resultSet = null;
    resultSet = SqlFunction.doSqlSelect(sqlLanguage, psString, true);     //获取数据库存放的数据
    try {
        while (resultSet.next()) {                              //逐行读取数据
            Vector vector = new Vector();                       //实例化一个"行"
            for (int i = 0; i < jTable1.getColumnCount(); i++) {
                vector.add(resultSet.getString(i+1));           //往"行"里面添加数据
            }
            defaultTableModel.addRow(vector);                   //将"行"放入表单
            count++;
        }
        if (count == 0) {
            Vector vector = new Vector();
            for (int i = 0; i < jTable1.getColumnCount(); i++) {
                vector.add("NULL"); //如果查不到数据，将所有数据填充为"NULL"，防止报空指针异常
            }
            defaultTableModel.addRow(vector);
        }
    } catch (SQLException e) {
        e.printStackTrace();
    }
}
```

3. 初始化组件

初始化组件的关键代码如下：

```
delButton.setEnabled(false);//刚打开时删除按钮为不可用
changeButton.setEnabled(false);//刚打开时修改按钮为不可用
dateComboBoxBirthday = new DateComboBox(comboBox2, comboBox3, null);//
```

初始化生日 ComboBox

dateComboBoxEntryTime = new DateComboBox(comboBox4, comboBox5, comboBox6);//

初始化入职时间 ComboBox

String sql = "SELECT deptTitle FROM Departments";

ControlFunction.*setComboBoxItem*(sql, comboBox1);//初始化所属部门

日期控制注意大小月和闰年，ControlFunction.setComboBoxItem()方法关键代码如下:

```
/**
 * 使用将数据库中的某个字段，设置进 ComboBox
 * @param sqlLanguage  数据库语句
 * @param jComboBox1  需要被设置的 ComboBox
 */
public static void setComboBoxItem(String sqlLanguage, JComboBox jComboBox1){
    ResultSet resultSet = null;
    String[] psString = {};
    resultSet = SqlFunction.doSqlSelect(sqlLanguage, psString, true);   //查询数据库数据
    try {
        while (resultSet.next()) {
            jComboBox1.addItem(resultSet.getString(1).trim());   //将查到的数据放入 ComboBox
        }
    } catch (SQLException e) {
        e.printStackTrace();
    }
    SqlFunction.closeAllLink();
}
```

4. 点击表单填充数据项

点击表单后数据可以自动填充到组件中，供用户修改或预览，实现这个功能的关键代码如下(部分代码未合成):

```
table1.addMouseListener(new MouseAdapter() {            //对表单添加鼠标监听
    @Override
    public void mousePressed(MouseEvent e) {
        int index = table1.getSelectedRow();            //获取被选中的行号
        textField1.setText((String) table1.getValueAt(index, 0));
        textField2.setText("");
        textField3.setText((String) table1.getValueAt(index, 1));
        if (table1.getValueAt(index, 2).equals("1")) { //将 bit 转换为男女
            textField4.setText("男");
        } else {
            textField4.setText("女");
```

```
                }
        dateComboBoxBirthday.setSelect(((String) table1.getValueAt(index，3)).substring(0, 10));
//控制时间选中
        dateComboBoxEntryTime.setSelect((String) table1.getValueAt(index, 4));
        //控制时间选中
            ControlFunction.setComboBoxSelect(comboBox1,        noNameDept.getName((String)
table1.getValueAt(index, 11)));                //控制所属部门的选中
            changeButton.setEnabled(true);    //解锁修改按钮
            delButton.setEnabled(true);       //解锁删除按钮
            oldName = textField1.getText();
    ……
        super.mousePressed(e);
    }
});
```

因为下拉框非常常用，所以将选择下拉框的某个字段这一功能进行封装，关键代码如下：

```
/**
 * 让 ComboBox 选中某个字段
 * @param jComboBox1  需要操作的 ComboBox
 * @param selectString  需要被选中的字段
 */
public static void setComboBoxSelect(JComboBox jComboBox1, String selectString) {
    if (jComboBox1 == null){
        return;
    }
    int count = jComboBox1.getItemCount();
    for (int i = 0; i < count; i++) {
        if (jComboBox1.getItemAt(i).equals(selectString)) {
            jComboBox1.setSelectedIndex(i);
            break;
        }
    }
}
```

5. 添加、修改和删除数据

添加数据是数据库系统中的重要功能之一，实现的关键代码如下：

```
addButton.addMouseListener(new MouseAdapter() {
    @Override
    public void mouseClicked(MouseEvent e) {
        //添加人员
```

```
if (!LoginInfo.testAuthority(LoginInfo.getQx 基本信息管理()，2)) {
    return;
}
oldName = "防止重名没有作用 DEFE32";
String sqlLanguage = "INSERT Employee VALUES(?, ?,?,?,?,?,?,?,?,?,?,?,?,?)";
String[] psString = getStrings();
if (psString == null) {
    return;
}
int x = SqlFunction.doSqlUpdate(sqlLanguage, psString);
if (x > 0) {
    JOptionPane.showMessageDialog(null, "插入成功");
    initTable();
    delButton.setEnabled(false);
    changeButton.setEnabled(false);
}
super.mouseClicked(e);
}
});
```

修改和删除无非就是修改一下相应 SQL 语句，操作将变得非常简单，此处省略代码。

6. 获取组件中的字段

增加和修改都需要获取组件的数据，所以将此功能封装，并集成非法输入警告和编号重复警告功能。注意，执行修改操作时如果没有修改 ID，算法会匹配到数据库已经存在当前 ID，会报编号重复，需要对这种情况与编号重复加以区别。

```
@Override
public String[] getStrings() {
    String empNo, empName, empSex, empBirthday, empEntrytime, empProvince, empCity,
empZip, empAddress, empTelephone,
    empEmail, deptNo, empPwd = "c984aed014aec7623a54f0591da07a85fd4b762d", empAuthority
= "0000000";        //密码初始值为加密的 000000，权限初始值为没有任何权限
    empNo = textField1.getText();
    empName = textField3.getText();
    empSex = textField4.getText().equals("女") ? "0" : "1";
    empBirthday = comboBox2.getSelectedItem().toString() + "-"
+ comboBox3.getSelectedItem(). toString() + "-" + "01";
    empEntrytime = comboBox4.getSelectedItem().toString()+"-"
+ comboBox5.getSelectedItem().toString() + "-" + comboBox6.getSelectedItem().toString();
    empProvince = textField7.getText();
```

```
empCity = textField8.getText();
empZip = textField9.getText();
empAddress = textField10.getText();
empTelephone = textField11.getText();
empEmail = textField12.getText();
String deptTitle = Objects.requireNonNull(comboBox1.getSelectedItem()).toString();
deptNo = noNameDept.getNo(deptTitle);
if (empNo.equals("")) {
    JOptionPane.showMessageDialog(null, "员工编号不能为空!!");
    return null;
}
if (empName.equals("")) {
    JOptionPane.showMessageDialog(null, "姓名不能为空!!");
    return null;
}
if (empSex.equals("")) {
    JOptionPane.showMessageDialog(null, "性别不能为空!!");
    return null;
}
if (empTelephone.equals("")) {
    JOptionPane.showMessageDialog(null, "联系电话不能为空!!");
    return null;
}
String sqlLanguage1 = "SELECT empAuthority, empPwd FROM Employee WHERE empNo
= ?";
String[] psString1 = {empNo};
try {
    ResultSet resultSet = SqlFunction.doSqlSelect(sqlLanguage1, psString1, false);
    if (resultSet.next()) {
        if (!empNo.equals(oldName)) {
            JOptionPane.showMessageDialog(null, "已经存在当前人员编号!!");
            oldName = empNo;
            return null;
        } else {
            empAuthority = resultSet.getString(1);
            if (textField2.getText().equals("")) {    //没有填写密码，且执行的是修改操作
                empPwd = resultSet.getString(2);
            }
        }
```

```
            }
        } catch (SQLException e) {
            e.printStackTrace();
        }
        if (!textField2.getText().equals("")) {        //填写密码
            empPwd = SHA1.encode(textField2.getText());
        }
        return new String[]{empNo, empName, empSex, empBirthday, empEntrytime, empProvince,
empCity, empZip, empAddress, empTelephone, empEmail, deptNo, empPwd, empAuthority};
    }
```

5.3.3　数据库访问方法

数据库的访问是非常频繁的，所以调用数据库的功能有必要进行封装，这样便于快速访问数据库，并对数据库操作和对数据库连接进行统一管理。因为此系统不存在多个线程同时访问数据库，这样的方法也有助于减少资源使用。利用封装对数据库进行访问的关键代码如下：

```
package Util;
import java.sql.*;

public class SqlFunction {
    private static String driver = "com.microsoft.sqlserver.jdbc.SQLServerDriver";
    private static String link = "jdbc:sqlserver://10.211.55.3:1433;DatabaseName = Publisher";
    private static String userName = "sa";
    private static String passWord = "123456";
    private static Connection connection = null;
    private static PreparedStatement preparedStatement = null;
    private static int x = 0;
    private static ResultSet resultSet = null;
    /**
     * 快速执行查询数据
     * @param sqlLanguage  数据库语句
     * @param psString  需要填坑的字段
     * @param isLike  是否模糊查询
     * @return 查询的 resultSet 结果
     */
    public static ResultSet doSqlSelect(String sqlLanguage, String[] psString, boolean isLike){
        try {
            Class.forName(driver);
```

```
            System.out.println("成功加载驱动");
            connection = DriverManager.getConnection(link, username, passWord);
            System.out.println("成功连接数据库");
            preparedStatement = connection.prepareStatement(sqlLanguage);
            for (int i = 0; i < psString.length; i++) {
                if(isLike){
                    preparedStatement.setString(i+1, "%" + psString[i] + "%");
                }else {
                    preparedStatement.setString(i+1, psString[i]);
                }
            }
            resultSet = preparedStatement.executeQuery();
        } catch (ClassNotFoundException | SQLException e1) {
            e1.printStackTrace();
        }
        return resultSet;
    }
    /**
     * 快速执行数据库的插入、修改等操作
     * @param sqlLanguage  数据库语句
     * @param psString  需要填坑的字段
     * @return  影响的行数
     */
    public static int doSqlUpdate(String sqlLanguage,    String[] psString){
        try {
            Class.forName(driver);
            System.out.println("成功加载驱动");
            connection = DriverManager.getConnection(link, username, passWord);
            System.out.println("成功连接数据库");
            preparedStatement = connection.prepareStatement(sqlLanguage);
            for (int i = 0; i < psString.length; i++) {
            preparedStatement.setString(i+1, psString[i]);
            }
            x = preparedStatement.executeUpdate();
        } catch (ClassNotFoundException | SQLException e1) {
            e1.printStackTrace();
        }
        closeAllLink();
    return x;
```

```
        }
    /**
      * 快速关闭当前所有的链接，释放资源
      */
    static void    closeAllLink(){
        try {
            if (connection != null){
                connection.close();
            }
            if (preparedStatement != null){
                preparedStatement.close();
            }if(resultSet != null){
                resultSet.close();
            }
        } catch (SQLException e) {
            e.printStackTrace();
        }
    }
}
```

5.3.4　图书管理

　　图书管理包括图书类目管理和图书信息管理两大任务。图书类目管理界面主要包括图书类型编号、图书类型名称和备注等信息，如图 5-26 所示。

图 5-26　图书类目管理界面

　　为了便于用户使用，图书信息管理界面右侧放置了两个表单，可以快速录入作者和图书类型，并设置了去重功能，重复添加会自动去重。右侧同时设置了两个"点击管理"按钮，链接至图书类型管理和作者管理，并设置窗口监听，关闭图书类型管理和作者管理将自动刷新对应表单。因为仓库为外键，仓库为下拉框形式。图书信息管理界面如图 5-27

所示。右侧链接管理的关键代码如下：

```
"INSERT into Authored(bkNo, auNo, auOrder) VALUES(?, ?, ?)";
"INSERT into BookType(typeNo, bkNo) VALUES(?, ?)";
```

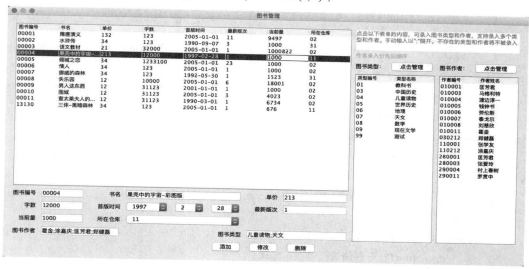

图 5-27　图书管理界面

另外，根据需求，在数据库中设置按图书编号查看库存量的存储过程 proc_ReturnPrtQty(详见 4.4 小节)，供系统实现时调用。数据库中按图书编号查看库存量的存储过程 proc_ReturnPrtQty 的 SQL 代码如下：

```sql
CREATE PROCEDURE proc_ReturnPrtQty (@no CHAR(5))
AS
BEGIN
    SELECT bkPrtQty
    FROM books
    WHERE bkNo = @no
END
```

在 Java 程序中调用存储过程 proc_ReturnPrtQty 的关键代码如下：

```java
String procName = "{Call proc_ReturnPrtQty(?)}";
DataSource ds = SessionFactoryUtils.getDataSource(this.getHibernateTemplate().getSessionFactory());
Connection conn = null;
CallableStatement call = null;
try
{
    //创建连接
    conn = ds.getConnection();
    call = conn.prepareCall(procName);
    //传入数据
    call.setString(1, (importList.get(0)).trim());
```

```
//执行存储过程
call.executeUpdate();
//获取返回的结果
ret = call.getInt(17) ;
logger.info("ret:" + ret);
try
{
        //关闭连接
        call.close();
        call = null ;
        conn.close();
        conn = null ;
    } catch (SQLException e) {
    }
}catch (SQLException e){
    logger.error("打开存储过程错误： ", e);
}
finally{
    try {
        if (call != null) {
            call.close();
        }
        if (conn != null) {
            conn.close();
        }
    } catch (SQLException e) {
        conn = null;
    }
}
```

5.3.5　图书印刷管理

因为印刷版次不能超过图书的最新版次，因此使用了下拉框，并且监听图书编号的变化，自动修改下拉框。因印刷单会很多，所有顶部使用快速筛选，可以快速对内容进行筛选。关键代码如下：

```
/**
 * 对印刷表进行筛选
 *
 * @param add    入库情况 0 全部，1 等待印刷，2 已经入库
```

```java
 * @param check 审核情况 0 全部，1 未审核，2 已经审核
 */
private void doFilter(int add，int check) {
    String sqlLanguage = "SELECT * FROM PubPrint ";
    String empNo, prtState, where, and;
    switch (check) {
        case 0:
            empNo = "";
            break;
        case 2:
            empNo = "empNo IS NOT NULL ";
            break;
        case 1:
            empNo = "empNo IS NULL ";
            break;
        default:
            empNo = "";
    }
    switch (add) {
        case 0:
            prtState = "";
            break;
        case 2:
            prtState = "prtState = '1'";
            break;
        case 1:
            prtState = "prtState = '0'";
            break;
        default:
            prtState = "";
    }
    if (!empNo.equals("") && !prtState.equals("")) {
        and = "AND ";
    } else {
        and = "";
    }
    if (!empNo.equals("") || !prtState.equals("")) {
        where = "WHERE ";
    } else {
```

```
        where = "";
    }
sqlLanguage = sqlLanguage + where + empNo + and + prtState;
OtherFunction.setTable(sqlLanguage, new String[]{}, table1);
```

图书印刷管理界面如图 5-28 所示，右侧表单可对图书 ID 进行快速填充。具备审核权限的用户可对印刷进行审核，或撤销审核。审核人不可填写，系统会自动获取登录的用户 ID。

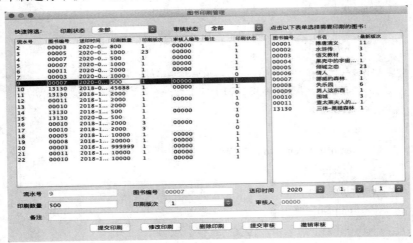

图 5-28　图书印刷管理界面

5.3.6　出库管理

图书被订购后，仓库工作人员可进入出库管理查看订单，进行发货。出库分为订单出库和手动出库。订单出库时，只有仓库编号可修改，系统将自动识别需出库的订单，并将此订单订购的图书编号和类型放入订书详情。图书出库界面如图 5-29 所示。

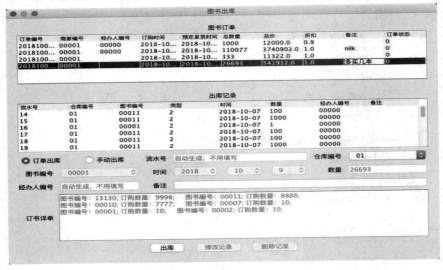

图 5-29　出库界面

订单中的每一种书都将生成一条出库记录，出库成功后，库存将减少。关键代码如下：

```
for (String[] psString :arrayList) {
    sqlLanguage = "INSERT INTO InoutWH(whNo, bkNo, ioType, ioTime, ioQuantity, empNo,
    prtRemark) VALUES(?, ?, ?, ?, ?, ?, ?) ";
    if (BasicOperation.add(sqlLanguage, psString)){
        if (isOrderModel){//如果是订单出库，那么将订单置为已出库状态
            sqlLanguage = "UPDATE Orders SET ordState = '1' where ordNo = ?";
            String[] ps1 = new String[]{ordId};
            SqlFunction.doSqlUpdate(sqlLanguage, ps1);
        }

        sqlLanguage = "UPDATE Books SET bkPrtQty = ? where bkNo = ?";//削减图书库存
        String[] ps2 = new String[]{bkPrtQty-ioQuantity + "", bkNo};
        SqlFunction.doSqlUpdate(sqlLanguage, ps2);
    }
```

手动出库是因为可能存在补发、错发等情形。使用手动出库时需要填写图书编号、时间、数量，不可填写流水号、经办人、订书详情；一次仅可对一种书出库；可对记录修改和删除。出库过程中如果库存不足，会提醒用户是否生成缺货记录。

如果是订单出库，多种书都库存不足就会生成多条记录。如果一个订单有书库存不足，那么整个订单将无法出库。关键代码如下：

```
sqlLanguage = "SELECT bkPrtQty FROM Books WHERE bkNo = ?";//查询书本库存数量
if (bkPrtQty-ioQuantity<0){//如果库存不足
    int res = JOptionPane.showConfirmDialog(null, "库存不足，出库失败！是否生成缺货记
    录？", "库存不足",
            JOptionPane.YES_NO_OPTION);
    if (res == JOptionPane.YES_OPTION) {
        String sql = "INSERT INTO OutOfStock(bkNo, oosQuantity，empNo，oosTime，oosUse)
VALUES(?, ?, ?, ?, ?)";
        //流水号 oosId 图书编号 bkNo 数量 oosQuantity 记录人编号 empNo 记录时间 oosTime
用途 oosUse
        Date date = new Date();
        DateFormat dateFormat = new SimpleDateFormat("yyy-MM-dd");
        String df = dateFormat.format(date);
        String[] ps = new String[]{bkNo, String.valueOf((ioQuantity-bkPrtQty)), LoginInfo.
getLoginNo(), df, "订单出库缺货"};
        SqlFunction.doSqlUpdate(sql, ps);
    }
    kuCunBuZu = true;
}
```

5.3.7　库存统计查询

库存统计查询功能可对图书库存进行统计查询。如图 5-30 所示，库存统计查询界面顶部设置了三个筛选条件，其中，类型和作者为下拉框，第一项均为全部，选中即可排除该字段；编号和书名筛选为手动输入，支持模糊查找。当类型筛选器选择的类型不是全部时，系统才会计算当前类型所有图书的总量。

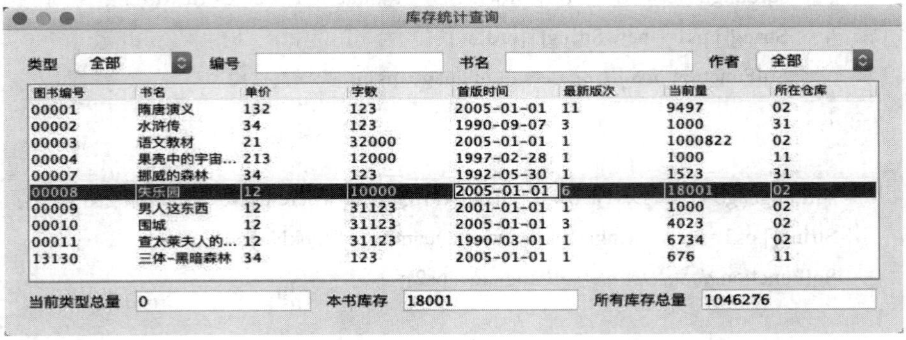

图书编号	书名	单价	字数	首版时间	最新版次	当前量	所在仓库
00001	隋唐演义	132	123	2005-01-01	11	9497	02
00002	水浒传	34	123	1990-09-07	3	1000	31
00003	语文教材	21	32000	2005-01-01	1	1000822	02
00004	果壳中的宇宙...	213	12000	1997-02-28	1	1000	11
00007	挪威的森林	34	123	1992-05-30	1	1523	31
00008	失乐园	12	10000	2005-01-01	6	18001	02
00009	男人这东西	12	31123	2001-01-01	1	1000	02
00010	围城	12	31123	2005-01-01	3	4023	02
00011	查太莱夫人的...	12	31123	1990-03-01	1	6734	02
13130	三体-黑暗森林	34	123	2005-01-01	1	676	11

当前类型总量　0　　　　本书库存　18001　　　　所有库存总量　1046276

图 5-30　库存统计查询界面

类型、作者、图书编号和书名都设置了监听，内容改变会自动触发筛选，关键代码如下：

```
public void initTable(String typeNo, String bkNo, String bkTitle, String auNo) {
    final Object[] columnNames = {"图书编号", "书名", "单价", "字数", "首版时间", "最新版次",
"当前量", "所在仓库"};
    Object[][] rowData = {};
    TableColumn column = new TableColumn();
    column.setHeaderValue(columnNames);
    table1.addColumn(column);
    TableModel dataModel = new DefaultTableModel(rowData，columnNames);
    table1.setModel(dataModel);
    String sqlLanguage = "SELECT DISTINCT Books.*    " +
            "FROM Books，BookType，Authored " +
            "WHERE Books.bkNo = BookType.bkNo " +
            "AND Books.bkNo = Authored.bkNo " +
            "AND BookType.bkNo = Authored.bkNo " +
            "AND BookType.typeNo like ? " +
            "AND Authored.auNo like ? " +
            "AND Books.bkNo like ? " +
            "AND Books.bkTitle like ? ";
    String[] ps = new String[]{typeNo，auNo，bkNo，bkTitle};
    OtherFunction.setTable(sqlLanguage，ps，table1);
}
```

5.3.8　部分通用功能解析

下面，对系统中的部分通用功能进行解析。

(1) 所有表单都支持点击自动填充下方的字段。

(2) 所有 ID 都进行了长度自动填充，如员工 ID 输入 1 则自动填充为 00001。详见 FillNumber 类，关键代码如下：

```
public class FillNumber {
    /**
     * 将某个数字前面用 0 快速填充为指定长度
     * @param num  需要被填充的数字
     * @param length  需要填充的长度
     * @return 填充好的数字
     */
    public static String fill(String num，int length){
        while (num.length()<length){
            num = "0" + num;
        }
        return num;
    }
}
```

(3) 所有日期用的下拉框都设置了联动，修改年月会自动修改日期，如设置年月为 2011 年 2 月时，日期范围自动修改为 1～28。详见 DateComboBox 类，关键代码如下：

```
/**
 * 将时间选中为当前日期
 **/
public void setNow() {
    Date date = new Date();
    DateFormat dateFormat = new SimpleDateFormat("yyyy-M-d");
    String[] df = dateFormat.format(date).split("-");
    ControlFunction.setComboBoxSelect(cbYear, df[0]);
    ControlFunction.setComboBoxSelect(cbMonth, df[1]);
    ControlFunction.setComboBoxSelect(cbDay, df[2]);
}
/**
 * 选中指定的日期
 **/
public void setSelect(String date){
    String[] timeStrings = date.split("-");
    timeStrings[1] = (Integer.parseInt(timeStrings[1])) + "";
```

```
            timeStrings[2] = (Integer.parseInt(timeStrings[2])) + "";
            ControlFunction.setComboBoxSelect(cbYear, timeStrings[0]);
            ControlFunction.setComboBoxSelect(cbMonth, timeStrings[1]);
            ControlFunction.setComboBoxSelect(cbDay, timeStrings[2]);
        }
        public String getDate(){
            return cbYear.getSelectedItem() + "-" + cbMonth.getSelectedItem() + "-"
            + cbDay.getSelectedItem();
        }
    }
```

(4) LoginInfo 类保存了登录信息，可以调用一些常用的方法，关键代码如下：

```
/**
 * 保存登录信息
 */
public class LoginInfo {
    private static boolean isLogin = false;
    private static String loginNo = "";
    private static String deptNo = "";
    private static String loginName = "";
    private static String loginAuthority = "0000000";
    // 8 位数字，8 个权限，0 代表没有权限，1 代表可读取/查看，2 代表可以查看可以操作
    //图书印刷权限，图书库存管理权限，图书销售管理权限，基本信息管理权限，查询统计权
    限，系统维护权限，权限管理权限，审核权限
        private static String qx 图书印刷  = "0";
        private static String qx 图书库存管理  = "0";
        private static String qx 图书销售管理  = "0";
        private static String qx 基本信息管理  = "0";
        private static String qx 查询统计  = "0";
        private static String qx 系统维护  = "0";
        private static String qx 权限管理  = "0";
        private static String qx 审核  = "0";
```

(5) 部分功能实现了对"名字"和"ID"的转换，详见 NoName 类，关键代码如下：

```
public class NoName {
    private ArrayList<NoNameItem> noName = new ArrayList<>();//记录编号和名称的对应关系
    private String noCol;
    private String nameCol;
    private String tableName;
    private SqlFunction sqlFunction = new SqlFunction();
    private boolean haveAll = false;
```

```
public NoName(String noCol, String nameCol, String tableName){
        this.nameCol = nameCol;

        this.noCol = noCol;

        this.tableName = tableName;

        reset();

    }
public NoName(String noCol, String nameCol, String tableName, boolean haveAll){
    this.nameCol = nameCol;

    this.noCol = noCol;

    this.tableName = tableName;

    this.haveAll = haveAll;

    reset();

}
```

(6) ControlFunction 为操作控件,可使用数据库语句对表单或下拉框进行填充;输入字符串时,使下拉框选择当前字段。关键代码如下:

```
public static void setTable(String sqlLanguage, String[] psString, JTable jTable1) {
    int count = 0;

    ((DefaultTableModel) jTable1.getModel()).getDataVector().clear(); //移除原来的数据

    DefaultTableModel defaultTableModel = (DefaultTableModel) jTable1.getModel();

    ResultSet resultSet = null;

    resultSet = SqlFunction.doSqlSelect(sqlLanguage, psString, true);

    try {

        while (resultSet.next()) {

            Vector vector = new Vector();

            for (int i = 0; i < jTable1.getColumnCount(); i++) {

                vector.add(resultSet.getString(i+1));

            }

            defaultTableModel.addRow(vector);

            count++;

        }

        if (count == 0) {

            Vector vector = new Vector();

            for (int i = 0; i < jTable1.getColumnCount(); i++) {

                vector.add("NULL");

            }

            defaultTableModel.addRow(vector);

        }

    } catch (SQLException e)

    {
```

```
                    e.printStackTrace();
                }
            }
```

(7) SqlFunction 为最常用的方法，封装了 doSqlSelect(查询数据库内容)和 doSqlUpdate(修改、删除、添加数据库内容)。关键代码如下：

```java
public class SqlFunction {
    private static String driver = "com.microsoft.sqlserver.jdbc.SQLServerDriver";
    private static String link = "jdbc:sqlserver:    //10.211.55.3:1433; DatabaseName = Publisher";
    private static String userName = "sa";
    private static String passWord = "123456";
    private static Connection connection = null;
    private static PreparedStatement preparedStatement = null;
    private static int x = 0;
    private static ResultSet resultSet = null;
    /**
     * 快速执行查询数据
     * @param sqlLanguage  数据库语句
     * @param psString  需要填坑的字段
     * @param isLike  是否模糊查询
     * @return  查询的 resultSet 结果
     */
    public static ResultSet doSqlSelect(String sqlLanguage, String[] psString, boolean isLike){
        try {
            Class.forName(driver);
            System.out.println("成功加载驱动");
            connection = DriverManager.getConnection(link, userName, passWord);
            System.out.println("成功连接数据库");
            preparedStatement = connection.prepareStatement(sqlLanguage);
            for (int i = 0; i < psString.length; i++) {
                if(isLike){
                    preparedStatement.setString(i+1, "%" + psString[i] + "%");
                }else {
                    preparedStatement.setString(i+1, psString[i]);
                }
            }
            resultSet = preparedStatement.executeQuery();
        } catch (ClassNotFoundException | SQLException e1) {
            e1.printStackTrace();
        }
```

```
        return resultSet;
    }
    /**
     *  快速执行数据库的插入、修改等操作
     * @param sqlLanguage  数据库语句
     * @param psString  需要填坑的字段
     * @return  影响的行数
     */
    public static int doSqlUpdate(String sqlLanguage，String[] psString){
    try {
        Class.forName(driver);
        System.out.println("成功加载驱动");
        connection = DriverManager.getConnection(link, userName, passWord);
        System.out.println("成功连接数据库");
        preparedStatement = connection.prepareStatement(sqlLanguage);
        for (int i = 0; i < psString.length; i++) {
            preparedStatement.setString(i+1, psString[i]);
        }
        x = preparedStatement.executeUpdate();
    } catch (ClassNotFoundException | SQLException e1) {
        e1.printStackTrace();
    }
    closeAllLink();
    return x;
}
```

(8) BasicOperation 封装了多数窗口都具备的增、删、改功能，关键代码如下：

```
    public class BasicOperation {
        /**
         *  增加一条记录
         * @param sqlLanguage  数据库语句
         * @param psString       需要增加的数据
         */
        public static boolean add(String sqlLanguage, String[] psString) {
            if (psString == null) {
                return false;
            }
            int x = SqlFunction.doSqlUpdate(sqlLanguage, psString);
            if (x > 0) {
                JOptionPane.showMessageDialog(null, "操作成功");
```

```
        }
        return true;
    }
    /**
    * 修改一条记录
    * @param sqlLanguage  数据库语句
    * @param ps              需要增加的数据
    * @param oldName         需要修改的记录的原主键值
    */
    public static boolean change(String sqlLanguage, String[] ps, String oldName) {
        int count = appearNumber(sqlLanguage);
        String[] psString = new String[count];
        if (ps == null) {
            return false;
        }
        int res = JOptionPane.showConfirmDialog(null, "是否修改记录" "+ oldName + " " 的信息",
"是否修改", JOptionPane.YES_NO_OPTION);
        if (res == JOptionPane.YES_OPTION) {
            System.arraycopy(ps, 0, psString, 0, count - 1);
            psString[count - 1] = oldName;
            if (psString[0].equals("")) {
                return false;
            }
            int x = SqlFunction.doSqlUpdate(sqlLanguage, psString);
            if (x > 0) {
                JOptionPane.showMessageDialog(null, "修改成功");
            }
        }
        return true;
    }
    /**
    * 删除一条记录
    * @param sqlLanguage  数据库语句
    * @param oldName         需要删除的记录的原主键值(可以用触发器完成)
    */
    public static boolean del(String sqlLanguage, String oldName) {
        String[] psString = {oldName};
        if (psString[0].equals("")) {
            return false;
```

```
        }
        int res = JOptionPane.showConfirmDialog(null, "是否删除" " + oldName + " "的信息", "是
否修改", JOptionPane.YES_NO_OPTION);
        if (res == JOptionPane.YES_OPTION) {
            int x = SqlFunction.doSqlUpdate(sqlLanguage, psString);
            if (x > 0) {
                JOptionPane.showMessageDialog(null, "删除成功");
            }
        }
        return true;
    }
```

5.4　本 章 小 结

本章首先详细介绍了 Java 开发应用环境的配置；然后介绍了使用 IntelliJ IDEA 创建控制台和窗体以及使用 JDBC 连接数据库的步骤；最后介绍了本书案例"出版社管理系统"部分主要功能模块的实现，包括登录主界面和人员管理的实现，介绍了数据库访问方法，并对人员管理、图书管理、图书印刷管理、出库管理、库存统计查询、通用功能等模块的程序进行了说明。限于篇幅，其他功能的开发过程类似，就没有一一列出。

附录 A　数据库设计需求案例

案例一　网吧管理系统

一、系统概述

　　网吧是一个满足人们上网需求的特殊场所，在有一定规模的情况下如果使用人工管理，工作量将极其庞大、枯燥而且低效。一个好的网吧管理系统不仅要效率高、没有误差，而且要可以连续工作，便于查询统计。

　　网吧管理系统主要包括 6 个功能模块：注册模块、资费管理模块、基本信息管理模块、账号管理模块、维修管理模块、统计模块。

二、系统需求说明

1. 注册模块

　　分为会员注册和管理员注册。会员注册需要用户提供身份证号，并选择"会员"类型，注册成功后会给用户一个默认登录密码，用户登录后即可进行上机、查询个人信息等动作。管理员注册需要管理员提供身份证号，并选择"管理员"类型，注册成功后可以进行网吧的相关管理动作。

2. 资费管理模块

　　资费管理包括充值、扣费。会员可以对自己的余额、充值情况、扣费情况进行查询。管理人员可以为会员充值、查看会员余额、查看充值情况、扣费情况。对于扣费动作，系统会根据会员使用电脑的开始时间、结束时间以及所处的机位级别进行计算并扣费。

3. 基本信息管理模块

　　基本信息管理包括机位管理、机位级别管理、会员等级管理。机位管理包括添加机位信息、查看机位信息、查看机位状态、更改机位状态等。机位信息包括机位编号、配置信息、机位级别、启用时间、使用时长等；机位状态包括使用中、空闲、维修、锁定。机位级别管理包括级别的添加、修改，不同级别的收费标准设置和修改。会员等级管理包括等级的设置、相应等级的累计上机时间设置和修改、相应等级的收费标准的设置和修改。

4. 账号管理模块

账号管理包括修改登录密码和查看个人账号情况。个人账号情况中包括会员等级、充值扣费情况、具体上机情况(包括每一次上机的时间、时长、机位级别等信息)。如果会员忘记了登录密码,管理人员可以为该会员重置密码,恢复到默认密码。会员等级由系统根据该用户的累计上机时间自动升级。

5. 维修管理模块

管理员对出现故障的机器进行登记,包括故障时间、故障描述、报修人、状态(报修)。机器维修好后,管理员对本机器的维修记录进行补充和修改,填写故障原因、维修时间、维修人,并修改状态(已修好)。

6. 统计模块

本模块主要为管理员提供统计功能。管理员可以根据时间段统计网吧机器的使用率,根据机位级别统计不同级别机位的使用率,根据会员身份证号统计其上机时长等,以便于管理员了解网吧的使用情况,并可以根据统计结果进行适当调整。

案例二　应用商店管理系统

一、系统概述

随着网络和 IT 技术的发展,市面上各类应用软件的数量已经多到无法想象的地步。为了进一步管理应用软件的发行,规范开发者与用户之间的应用交易,方便用户查找、下载、购买应用软件,应用商店管理系统应运而生。

应用商店管理系统主要包括 7 个功能模块:注册登录模块、应用查询模块、应用下载与反馈模块、应用发布和更新模块、应用推荐模块、基本信息管理模块、安全管理模块。

二、系统需求说明

1. 注册登录模块

系统的用户角色分为三种:开发者、终端用户、管理员。不同角色的用户注册时选择相应的用户类型进行注册,之后即可拥有不同的权限。对于终端用户而言,需要提供邮箱(即为登录用户名)、密码;对于开发者而言,需要提供开发商名、密码、联系人、联系电话、联系邮箱;对于管理员而言,需要提供用户名、密码。

2. 应用查询模块

终端用户可以根据应用类型进行查询,也可以直接输入关键字进行查询,查询后将显示符合用户需求的应用软件概况,包括版本号、下载次数、发布时间、用户评分。如果用户对某应用感兴趣,选择该应用后可以看到详细情况,包括应用的主要界面、主要功能、信息(应用大小、类别、兼容性、语言、适合年龄、版权等)、历史版本情况、用户评分和反馈信息等。

3. 应用下载与反馈模块

终端用户可以选择需要的某一个应用进行下载，下载成功后，该软件的下载次数将加1。终端用户在使用应用后可以对该应用进行评分和反馈，系统会对评分人数、评分结果进行统计。

4. 应用发布和更新模块

开发者可以发布新的应用，当应用发布后，需要等待管理员进行审核，审核通过后方可上线对终端用户可见。开发者可以对已经上线的应用进行更新升级，同样也需要经过审核方可。开发者可以通过查看应用的状态来获知是否已通过审核。

5. 应用推荐模块

系统可以向终端用户推荐近期热门的应用、最新上线的应用，可以分类推荐排名靠前的应用。

6. 基本信息管理模块

基本信息管理包括终端用户管理、开发者管理、应用类型管理、应用管理。

管理员可以查看所有终端用户的情况，包括下载注册时间、下载的应用个数、最近一次下载时间、活跃度(该活跃度可以根据终端用户给应用打分和反馈的次数以及下载次数进行计算)。

管理员可以查看所有开发者的情况，包括开发商名、发布的应用个数。

管理员可以新增、修改应用的类型。

管理员可以查看所有的应用，包括各应用的最新发布时间、更新次数、下载量等信息，可以根据类型查看应用，也可以直接查看某一个应用，对于反馈不佳的应用，可以暂时将其下线，整改后通过审核方能再次上线。

7. 安全管理模块

开发者提交的新应用、新版本初始状态为"未审核"。管理员对其进行审核，审核通过后将该应用的状态设为"上线"，终端用户即可见。审核不通过的，状态改为"未通过"。

案例三　中小型超市管理系统

一、系统概述

对于一个中小型规模的超市来说，利用信息系统管理商品的销售、库存情况，可以大大节省人力、物力，提高经营管理的效率，更全面地了解和掌握超市内部的各种信息。本系统中涉及的超市人员信息将从超市人事管理系统中获取。

中小型超市管理系统可分为零售前台(POS)管理子系统和后台管理子系统。零售前台管理子系统包括商品录入、收银业务；后台管理子系统包括进货管理、销售管理、库存管理、基本信息管理。

二、系统需求说明

1. 零售前台管理子系统

1) 商品录入

超市前台人员可以通过输入唯一编号、商品名称或扫描条形码等方式来实现精确或模糊的商品录入。

2) 收银业务

通过扫描条形码或者直接输入商品编号，自动计算本次交易的总金额。在顾客付款后，自动计算找零，同时打印交易清单(包括交易的流水账号、每类商品的商品名、数量、该类商品的总金额、交易时间、负责本次收银的员工号)。如果顾客是本店会员，则在输入会员号后对所购商品进行会员价的计算。

2. 后台管理子系统

1) 进货管理

根据销售情况及库存情况自动制订进货计划(亦可手工制订修改)，可以避免盲目进货造成商品积压。按计划单和实际采购情况进行入库登记。综合查询打印进货与入库记录及金额。

2) 销售和退货管理

销售管理包括商品正常销售、促销与限量、限期及禁止销售控制。综合查询各种销售明细记录、各收银员收银记录以及交结账情况等。按多种方式统计生成销售排行榜，灵活查看和打印商品销售日、月、年报表等。

退货时需要根据销售单号调出相应的销售记录，然后对其中需要退货的物品进行退货处理，同时需要将本次退货情况记录下来，包括退货时间、关联销售单号、退货操作人、退货件数、退货金额、具体退货的物品清单、退货原因(可选项)。

3) 库存管理

库存管理主要包括如下内容：

(1) 商品入库，如果是新的商品，需要先增加新的商品信息，然后入库，如果是已有的商品，则直接入库；

(2) 库存告警，综合查询库存明细记录，如库存过剩、少货、缺货等，则生成库存状态自动告警提示；

(3) 库存盘点，核对系统中的库存与实际库存情况，如果二者不符则生成损溢单。

4) 基本信息管理

信息管理包括商品种类信息、商品信息、供货商信息、会员信息的增、删、改、查操作，其中所有信息的删除操作都只是对表中的数据设置删除标志。

案例四　外卖订餐管理系统

一、系统概述

随着互联网技术的快速发展，网络早已经成为现代人日常生活中不可或缺的部分。外卖订餐由于其独有的便捷性和直观性，更能够轻而易举地被大众所认同和接受。

外卖订餐管理系统包括三个子系统，前台订餐管理子系统、店家信息管理子系统和后台管理子系统。前台订餐管理子系统提供用户注册会员、浏览菜品、提交订单、查询订单、个人信息管理等功能；店家信息管理子系统提供店家接单、配送、菜品管理、查询统计等功能；后台管理子系统向管理员提供管理店家、管理会员和统计功能。

二、系统需求说明

1. 前台订餐管理子系统

(1) 用户可以根据菜系、店家名、菜品名等查询信息，浏览具体菜品信息。如果需要购买，则需要先登录系统。如果是新用户，则先注册，提供手机号码和密码。用户注册成会员后，每次订购成功都会有相应的积分奖励，积分累计较高者可以获得更多的优惠。

(2) 用户可以将喜欢的菜品放入购物车，然后在购物车中选中某些菜品下单订购。用户需要提供送货地址，地址可以有多个，订购时选其中一个。支付成功后可查看该订单的当前处理情况。

(3) 用户可以在个人信息管理模块中查看自己以往的订单情况，对于已完成的订单可以进行评分和反馈，也可以修改个人信息，包括联系电话、收货地址等。

2. 店家信息管理子系统

(1) 店家对于新产生的订单可以进行处理，选择接单或是不接单。可以根据状态(已接单、已发货、已收货)查看订单情况。

(2) 店家可以进行配送管理，记录每一单的配送人员姓名、配送人员电话、配送开始时间、实际送到时间，可以对配送情况进行查询统计。

(3) 店家对菜品信息可以进行管理，包括增加、修改、删除菜品信息等。

(4) 店家可以根据不同的需求进行查询统计，如根据菜品统计订购情况、评分和反馈情况，或者根据时间段查询销售情况等。

3. 后台管理子系统

外卖订餐管理系统的管理员可以对店家和注册会员进行管理，可以对总体的购买情况进行统计分析，可以制定和调整相应的优惠策略。

案例五 机房管理系统

一、系统概述

学校通常建有多个机房，供计算机类课程的使用。每个机房的设备和排课情况需要进行管理。

机房管理系统可分为三大子系统：机房设备管理子系统、机房信息管理子系统、机房上机安排管理子系统。机房设备管理子系统包括设备采购、设备登记、设备维修、设备报废等功能；机房信息管理子系统包括机房名称、位置、大小、负责人等基本信息管理；机房上机安排管理子系统包括机房排课、机房状态查询等。系统的用户角色包括系统管理员和机房管理员。系统管理员可以执行所有的操作，机房管理员可以进行设备登记、设备维修、机房状态查询等部分操作。

二、系统需求说明

1. 机房设备管理子系统

(1) 设备及配件采购：包括设备采购和配件采购信息的录入。设备采购信息包括设备采购的日期、厂家、联系人、联系电话、保修期、保修电话、设备价格、设备的详细配置、设备数量等信息。配件采购信息包括配件型号、数量、采购日期等信息。

(2) 设备及配件登记：将新到的设备或配件进行内部编号(属于学校的编号规则)后进行登记，包括内部编号、设备编号、名称、品牌、存放的位置(机房)等信息。

(3) 设备信息维护：设备在使用过程中，如果增加了配置，则应将新增的配件添加到相应设备的基本信息中。

(4) 设备维修：设备出现问题时，需要登记问题的详细情况及发生的日期，维修后需要记录维修的内容、维修日期、处理方案、维修结果等信息。

(5) 设备报废：如果设备不能使用，需要进行报废处理。

2. 机房信息管理子系统

(1) 增加机房：新增加机房时，需要将新增机房的基本信息录入系统，包括机房名称、面积大小、可容纳机位、负责人等。

(2) 维护机房：当机房基本信息发生变化时，需要对变化的情况进行系统维护。

3. 机房上机安排管理子系统

(1) 机房排课：登记机房的使用安排、使用日期、使用人数、课程编号、课程名称、上机教师等信息。

(2) 机房查询：可以根据时间段、机房号等查询机房的空闲状态、机房的可用计算机等信息。

案例六　酒店管理系统

一、系统概述

随着社会经济的发展，酒店在服务行业扮演越来越重要的角色。在酒店运作期间，其管理和服务水平直接影响到酒店的形象和声誉。一套良好的酒店管理系统可以为管理者提供迅速高效的服务，减少手工处理的繁琐与误差。本系统属于小型的酒店管理系统，可以对中小型酒店进行良好的管理。

酒店管理系统可分为三大模块：权限管理模块、前台管理模块、后台管理模块。

权限管理模块包括用户和管理员注册、登录、权限修改；前台管理模块包括客户信息录入、客户预订、入住、换房、结账等管理；后台管理模块包括客房信息、客户信息管理。

二、系统需求说明

1. 权限管理模块

(1) 用户、管理员注册：用户和管理员都必须先注册，才可以通过登录进入本系统。

(2) 权限修改：设置每个用户的权限，使各用户在自己的操作范围内工作，不得超出自己的操作范围。只有系统管理员才能进行权限设置。

2. 前台管理模块

(1) 客户信息录入：采集客户的信息，包括身份证号、姓名、地址、联系电话。

(2) 预订：其主要目的是提高酒店的房间使用率，为客人预留房间。预订时需提供预计入住时间、离开时间、房间类型、入住人数等信息。

(3) 入住：根据客户提供的身份证号或电话号码，首先确认是否有预订，如果有预订就根据预订要求检查房间状态，为其分配可用的房间，并修改预订状态和房间状态；如果没有预订，检查房间状态后确认是否可以分配房间。

(4) 换房：根据客户要求进行换房操作，修改客户入住信息和房间状态信息。

(5) 结账：根据客户实际入住时间进行结算，可打印结算账单。

3. 后台管理模块

(1) 客房信息管理：可以新增或修改客房的类型；可以新增或修改不同类型的房间信息；可以查询、修改房间状态。

(2) 客户信息管理：可以查询客户信息、入住情况等。对客户的管理可以考虑采用会员机制，对不同级别的会员可设置相应的奖励措施，比如升级房间、赠送礼物、房价优惠等。

案例七　网上书店销售管理系统

一、系统概述

网络销售已成为一种非常重要的商业模式，人们可以通过网络购买心仪的商品，包括图书。用户可以登录网上书店，查询自己所需要的图书的详细信息，并进行在线购买，既方便用户，同时也方便了销售人员的销售管理。

网上书店包括两个子系统：前端销售管理子系统、后台信息管理子系统。

前端销售管理子系统包括会员注册、会员信息修改、查询图书、在线订购图书等功能。

后台信息管理子系统包括图书信息管理、订单管理、统计等功能。

网上书店的用户分为三类：管理员、普通用户和会员。管理员负责系统维护，普通用户只具有浏览网站的权限，会员可以实现购买功能。

二、系统需求说明

1. 前端销售管理子系统

(1) 会员注册：用户购买图书之前必须先完成注册，填写用户个人信息以及收货地址等必备信息。

(2) 会员信息修改：会员可以修改自己的登录密码、添加或修改收货地址、联系方式等信息。

(3) 查询图书：用户可以根据自己的需要查询图书的详细信息。

(4) 在线订购：会员可将心仪的图书放入购物车后，统一在线支付。

(5) 订单信息：会员可以查看处于"订购中"和"已完成"状态的订单信息，可以对"已完成"的订单进行评价。

2. 后台信息管理子系统

(1) 图书信息管理：包括图书分类模块和图书基本信息模块。图书分类模块包括图书类别的添加、修改、删除功能；图书基本信息模块包括图书的添加、修改、删除功能。

(2) 订单管理：对会员所下的订单进行查询、状态修改等功能，管理员可以通过查看会员的订单了解会员购书信息，从而及时地将图书邮寄给相应会员。

(3) 统计：可以根据图书编号、图书类型、订购时间段等方式进行统计分析，产生相应的月报、季报、年报等统计报表，可以通过统计分析，了解销售情况，制定相应的销售策略。

案例八　　企业在线学习平台

一、系统概述

随着全球技术知识增长的加速，一些企业对员工个人素质的提高和业务能力的提升更为重视，希望员工能利用碎片时间，充实自己的知识和技能。企业在线学习平台通过提供短小的微视频，可以让企业员工利用碎片时间进行学习和培训；通过制定合适的培训计划和任务，使员工能明确学习方向，按培训计划和任务要求有序完成相关的学习；通过跟踪学习过程、考核、问卷调查等方式，及时了解学员的学习和培训情况，从而达到良好的培训效果；还可以将学员在线下参加过的培训、考试等内容导入到平台中，组成完整的学员学习培训档案，为领导者对员工素质进行公正评价和准确分析提供有力的数据支持。

企业在线学习平台包括用户端和管理端。用户端具有课程培训模块、考试模块、搜索模块、个人中心模块、评价与反馈模块。管理端具有组织管理模块、课程管理模块、过程管理模块、考试管理模块、统计模块、线下培训管理模块。

二、系统需求说明

1. 用户端

(1) 课程培训模块：用户可以通过分类查看、筛选课程，也可以按照发布时间、课程评分、综合排名等对课程进行排序查看；可以选择需要的培训计划和任务进行系统有序的学习；可以报名参加线下的培训，查看报名情况。

(2) 考试模块：用户可以进行在线考试，查看考试成绩、排名等。

(3) 搜索模块：用户可以通过关键字搜索相关课程、培训任务、线下培训信息等。

(4) 个人中心模块：用户可以查看和修改个人信息；查看学习进度和具体学习情况；查看历史学习记录；查看线下培训的报名、考核情况等。

(5) 评价与反馈模块：用户可以对课程、线下培训、学习平台进行评价和反馈。

2. 管理端

(1) 组织管理模块：管理员对部门、学员、权限等进行添加、修改、移除、设置等。

(2) 课程管理模块：管理员可以添加新的课程信息，包括课程介绍、微视频、PPT 等；对系统中已有的课程信息进行修改和移除；可以增、删、改课程的分类情况；可以设立培训计划、培训任务并进行发布；可以对课程资料进行上传、删除等管理；可以查看课程评分和反馈意见。

(3) 过程管理模块：管理员可以单独查看员工学习情况，也可以按部门查看该部门所有员工的学习情况；可以对课程设置积分等奖励措施，以提升员工学习积极性。

(4) 考试管理模块：管理员可以组织并发布考试；对手工批改后的试卷进行成绩录入；

可以查看课程相关的考试情况等。

(5) 统计模块：管理员可以统计部门的整体学习情况；可以统计某位学员的学习情况；可以统计某次、某课程的考试情况；可以统计课程的学习情况；可以统计培训计划和任务的执行情况等。

(6) 线下培训管理模块：管理员可以发布线下培训通知；可以上传并管理线下培训的相关资料；可以查看报名情况，查看培训的评价与反馈。

案例九　校园二手物品交易平台

一、系统概述

高校的二手交易市场是一个大市场，每年都有毕业生要毕业，每年都有新生来报到，毕业生们不可能将几年来留存的东西都带走，有些物品已成为累赘，卖掉反而还能赚些路费。学生们的消费水平本来也不高，都希望能买到物美价廉的商品。这个时候，网上二手交易市场的作用就发挥出来了。卖家可以在网上登记自己要处理的物品以及售卖价格、联系方式，买家则可以在网上搜索自己所需要的，若没有，也可以在网上发布求购信息。当然，网上二手交易市场不但能处理毕业生的多余物品，平时学生们有任何闲置的东西或有任何需求都可以在网上二手交易市场上得到处理，并且不限时间不限地点。

校园二手物品交易平台包括买家端、卖家端、管理员端。买家端包括注册登录、物品搜索、购买、订单中心、个人中心模块。卖家端包括注册登录、物品管理、订单管理、个人信息管理模块。管理员端包括用户管理、安全管理、物品种类管理、评价反馈管理。

二、系统需求说明

1. 买家端

(1) 注册登录：买家必须注册登录后才可以进行物品购买等操作。在注册时需要提供学号验证身份，并选择"买家"身份注册。

(2) 物品搜索：买家可以根据不同的标签、关键字等单一或组合的方式搜索需要的物品。

(3) 购买：买家看中物品后，可以点击购买。由于平台的使用者是同校学生，所以可以通过线下交易的方式进行，直接和卖家联系，确定交易时间后线下进行，购买后可以对本次交易进行评价打分。

(4) 订单中心：买家可以在订单中心查看到自己所有的购买情况，也可以根据时间、类别或关键字等查询某次购买情况。

(5) 个人中心：买家可以在个人中心修改个人昵称、密码、联系方式等信息。

2. 卖家端

(1) 注册登录：卖家必须注册登录后才可以售卖物品。在注册时需要提供学号验证身份，并选择"卖家"身份注册。

(2) 物品管理：卖家可以添加物品信息，包括属于哪个种类、新旧程度、物品描述、交易价格等；可以修改物品信息；可以删除物品；可以查看个人售卖的所有物品，包括在售物品和历史物品等。

(3) 订单管理：卖家可以查看最新订购情况，和买家确定好交易时间后，完成线下交易，交易完成后需要修改物品状态为"已售"，从而结束本次交易；可以查看历史订购情况及评价。

(4) 个人信息管理模块：卖家可以修改个人信息，包括昵称、密码、联系方式；可以查看个人信誉分值等。

3. 管理员端

(1) 用户管理：管理员对买家和卖家可以进行维护，对一些不良记录的用户可以进行删除；可以查看卖家的信誉分值情况等。

(2) 安全管理：管理员可以为买家和卖家设置相应的权限，使其具备相应的功能。

(3) 物品种类管理：管理员可以增加并维护物品种类。

(4) 评价反馈管理：管理员可以根据用户的评价反馈情况，对卖家进行监督和管理。

案例十　学生宿舍管理系统

一、系统概述

学生宿舍管理系统对于高校来说是必不可少的组成部分。宿舍管理工作多而繁琐，例如物品寄存、水电费的记录和收缴、寝室的置换、寝室卫生评比、物品维修等。对于学生数量日益增加的学校来说，通过系统的方式进行管理将大大提高工作效率。

学生宿舍管理系统分为用户端和管理端。用户端包括注册登录、报修申请、水电费查询和缴纳、查看卫生评比结果、查看通知；管理端包括用户管理、宿舍管理、水电费管理、维修管理、宿舍卫生评比管理、物品存取及人员出入管理、查询统计。

二、系统需求说明

1. 用户端

(1) 注册登录：学生需要用自己的学号进行注册，登录后可使用管理系统中用户端的功能。

(2) 报修申请：学生登录系统后，可以通过系统填写报修单，包括报修类别、报修内容、报修寝室号，也可以查看报修进展情况、维修信息。

(3) 水电费查询和缴纳：学生登录系统后，可以查看到自己所在寝室当前和历史的水电费情况，对于"未缴费"状态的水电费可以进行在线缴纳。

(4) 查看卫生评比结果：学生登录系统后，可以查看自己所在寝室在各次卫生评比中的结果(按时间倒序显示)。

(5) 查看通知：学生可以查看最新发布的宿管通知。

2. 管理端

(1) 用户管理：管理员可以将在校学生名单导入系统；如果学生忘记登录密码，可以进行密码重设；可以增加、删除管理员；可以设置学生所住的宿舍楼宇、房间号信息。

(2) 宿舍管理：管理员可以添加和管理宿舍楼宇、房间号等信息；学生换寝室时可以进行住宿信息的修改；可以设置、修改宿舍长；可以根据宿舍号查看宿舍入住人员情况；可以筛选未住满的楼宇、房间号等。

(3) 水电费管理：管理员可以添加每个寝室当月的水电费信息；可以查看当月水电费的缴纳情况。

(4) 维修管理：管理员根据学生提交的报修单安排维修人员上门维修，填写维修单，包括故障原因、维修费用、维修人等。管理员可以修改维修状态。

(5) 宿舍卫生评比管理：管理员可以上传每次宿舍卫生评比的结果。

(6) 物品存取及人员出入管理：管理员可以添加物品存放信息，学生来领取物品时，可以修改存放状态；可以添加访客出入宿舍的信息。

(7) 查询统计：管理员可以根据寝室号、时间段等条件统计水电费情况、维修情况、卫生评比情况等。产生的统计结果可以为工作的改进提供依据和指导。

附录 B   SQL Server 2014 的安装与使用

安装前，首先要了解 SQL Server 2014 的各种版本和支持它的操作系统版本，检查计算机的软件和硬件配置，保证能满足安装的最小需求。

1. SQL Server 2014 各版本及说明

SQL Server 2000 以上的版本，常用的有 Enterprise(企业版)、Standard(标准版)、Developer(开发版)、Express(个人版)。SQL Server 2014 各版本功能说明见表 B-1。

表 B-1   SQL Server 2014 各版本功能说明

SQL Server 2014 的版本	说　　明
Enterprise (64 位和 32 位)	作为高级版本，SQL Server 2014 Enterprise 提供了全面的高端数据中心功能，性能极为快捷，虚拟化不受限制，还具有端到端的商业智能。为关键任务工作负荷提供较高服务级别，支持最终用户访问深层数据
Business Intelligence (64 位和 32 位)	SQL Server 2014 Business Intelligence 提供了综合性平台，可支持组织构建和部署安全、可扩展且易于管理的 BI 解决方案。它提供基于浏览器的数据浏览与可见性等卓越功能、具有强大的数据集成功能以及增强的集成管理功能
Standard (64 位和 32 位)	SQL Server 2014 Standard 提供了基本数据管理和商业智能数据库，支持将常用开发工具用于内部部署和云部署，能以最少的 IT 资源获得高效的数据库管理，适合中小型组织使用
Web (64 位和 32 位)	该版本为面向 Internet Web 服务的环境而设计，运行于 Windows 服务器下，为实现低成本、大规模、高可用性的 Web 应用或客户托管解决方案提供支持
Developer (64 位和 32 位)	SQL Server 2014 Developer 支持开发人员基于 SQL Server 构建任意类型的应用程序。它包括 Enterprise 版的所有功能，但有许可限制，只能用作开发和测试系统，而不能用作生产服务器。SQL Server Developer 是构建和测试应用程序的人员的理想之选
Express 版 (64 位和 32 位)	SQL Server 2014 Express 是入门级的免费数据库，是学习和构建桌面及小型服务器数据驱动应用程序的理想选择。它是独立软件供应商、开发人员和热衷于构建客户端应用程序的人员的最佳选择

请从微软官网下载 Express 版进行安装，建议至少 6 GB 的可用磁盘空间，内存大于 1 GB、处理器速度高于 2.0 GHz。

2. SQL Server 2014 的安装

下面的安装过程将在 Windows 7 专业版环境下进行，在 SQL Server 官网下载 Express

版安装包来安装 SQL Server 2014。其他版本显示的内容可能会有所不同，但安装数据库服务器和必要工具的主要步骤相近。

具体步骤如下：

(1) 安装向导将运行 SQL Server 安装中心。若要创建新的 SQL Server 安装，请单击左侧导航区域中的"安装"，然后单击"全新 SQL Server 独立安装或向现有安装添加功能"，如图 B-1 所示。

图 B-1　SQL Server 安装中心

(2) 在"许可条款"页上查看许可协议，请选中"我接受许可条款"复选框，然后单击"下一步"。

(3) 在"全局规则"窗口中，如果没有规则错误，安装过程将自动前进到"产品更新"窗口。

根据操作系统中控制面板的设置不同，可能会遇到"Microsoft 更新"页。

(4) 在"产品更新"页中，将显示最近提供的 SQL Server 产品更新。如果未发现任何产品更新，SQL Server 安装程序将不会显示该页并且自动前进到"安装安装程序文件"页。如图 B-2 所示。

安装程序将提供下载、提取和安装这些安装程序文件的进度。如果找到了针对 SQL Server 安装程序的更新，并且指定了包括该更新，则将安装该更新。

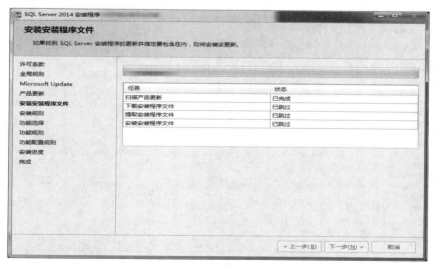

图 B-2　"安装安装程序文件"页面

(5) 在"设置角色"页上，选择"SQL Server 功能安装"选项，单击"下一步"进入"功能选择"页，如图 B-3 所示。

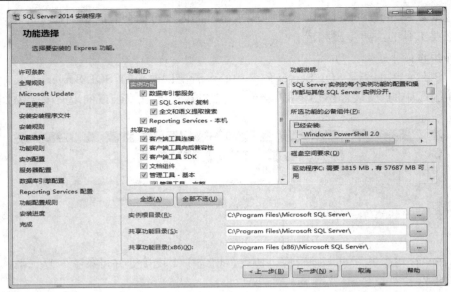

图 B-3　"功能选择"页面

在该页上，选择要安装的组件。选择功能名称后，"功能说明"窗格中会显示每个组件组的说明。可以按需要选中相应的复选框，但必须选中数据库引擎，否则系统无法提供数据库服务功能。

若要更改共享组件的安装路径，请更新该页面底部字段中的路径，默认安装路径为C:\Program Files\Microsoft SQL Server\。

(6) 接下来进入"实例配置"页，指定是安装默认实例还是命名实例。可以使用 SQL Server 提供的默认实例，也可以自己命名实例名称，如图 B-4 所示。

图 B-4　"实例配置"页面

默认情况下，实例名称用作实例 ID，这用于标识 SQL Server 实例的安装目录和注册表项。默认实例和命名实例的默认方式都是如此。

"已安装的实例"表格显示运行安装程序的计算机上已有的 SQL Server 实例。如果计算机上已经安装了一个默认实例，则只能安装 SQL Server 2014 的命名实例。

(7) 使用"服务器配置"页指定服务的登录账户。此页上配置的实际服务取决于选择安装的功能，如图 B-5 所示。

图 B-5　"服务器配置"中的"服务账户"页面

可以为所有的 SQL Server 服务分配相同的登录账户，也可以为各个服务单独配置账户，还可以指定是自动启动、手动启动还是禁用服务。Microsoft 建议逐个配置服务账户，以便为每项服务提供最低权限，其中 SQL Server 服务将被授予完成任务所必须具备的最低权限。

使用"服务器配置"中的"排序规则"页为数据库引擎和 Analysis Services 指定非默认排序规则。

(8) 使用"数据库引擎配置"中的"服务器配置"页为 SQL Server 实例选择 Windows 身份验证或混合模式身份验证。如果选择"混合模式身份验证"，则必须为内置 SQL Server 系统管理员账户提供一个强密码，如图 B-6 所示。

图 B-6　"功能选择"页面

在设备与 SQL Server 成功建立连接之后，用于 Windows 身份验证和混合模式身份验证的安全机制是相同的。必须为 SQL Server 实例至少指定一个系统管理员。若要添加用以运行 SQL Server 安装程序的账户，请单击"添加当前用户"。

使用"数据库引擎配置"中的"数据目录"页指定非默认的安装目录，否则，请单击"下一步"。

(9) 在安装过程中，"安装进度"页会提供相应的状态，因此可以在安装过程中监视安装进度。

安装完成后，"完成"页会提供指向安装摘要日志文件以及其他重要说明的链接。请单击"关闭"完成安装，如图 B-7 所示。

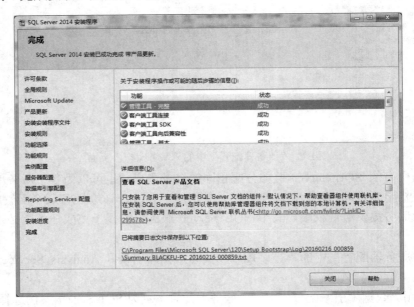

图 B-7　"完成"页面

如果安装程序指示重新启动计算机，请立即重新启动。安装完成后，请务必阅读来自安装向导的消息。

附录 C　数据库访问接口——ODBC 与 JDBC

一、ODBC 简介

开放数据库互联(Open Database Connectivity，简称 ODBC)是微软公司开放服务结构中有关数据库的一个组成部分，是允许各种软件访问数据的行业标准。ODBC 的基本前提是 SQL 查询的标准语法，软件应用程序使用该语法连接到数据库并从数据库请求数据。几乎都是由数据库制造商提供的 ODBC 驱动程序接受此标准语法的请求，并将请求转换为目标数据库喜欢的本机格式。ODBC 驱动程序实际上只是一个将通用请求转换为数据库特定请求的转换层。通过使用 ODBC，应用程序能够使用相同的源代码和各种各样的数据库进行交互。这使得开发者不需要以特殊的数据库管理系统(DBMS)为目标，也不需要了解不同支撑背景的数据库的详细细节，就能够开发和发布 C/S 应用程序。因此，应用程序要访问一个数据库，首先必须用 ODBC 管理器注册一个数据源，管理器根据数据源提供的数据库位置、数据库类型及 ODBC 驱动程序等信息，建立起 ODBC 与具体数据库的联系。这样，只要应用程序将数据源名提供给 ODBC，ODBC 就能建立起与相应数据库的连接。ODBC 应用系统的体系结构如图 C-1 所示。

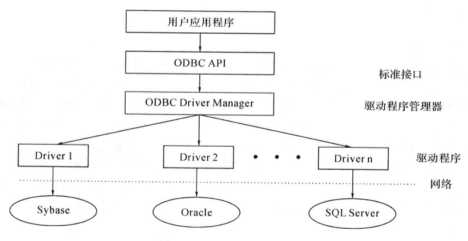

图 C-1　ODBC 应用系统的体系结构

在 ODBC 中，ODBC API 标准接口不能直接访问数据库，必须通过驱动程序管理器与数据库交换信息。驱动程序管理器负责将应用程序对 ODBC API 的调用传递给正确的驱动程序，而驱动程序在执行相应的操作后，将结果通过驱动程序管理器返回给应用程序。在访问 ODBC 数据源时需要 ODBC 驱动程序的支持。ODBC 是为调用关系数据库提供统一途径的一类 API，由于它适用于许多不同的数据库产品，因此是服务器扩展程序开发者们理所当然的选择。通常提供的标准数据格式包括有 SQL Server、Access、Paradox、dBase、FoxPro、Excel、Oracle 以及 Microsoft Text 的 ODBC 驱动器。如果用户希望使用其他数据格式，则需要安装相应的 ODBC 驱动器及 DBMS。用户使用自己的 DBMS 数据库管理功能生成新的数据库模式后，就可以使用 ODBC 来登录数据源。

ODBC 数据源管理器的主要功能有：

(1) 用户 DSN：ODBC 用户数据源存储了如何与指定数据提供者进行连接的信息。用户数据源只对当前的用户可见，而且只能应用在本机上。

(2) 系统 DSN：ODBC 系统数据源存储了如何与指定数据提供者进行连接的信息。系统数据源对当前机器上的所有用户可见。

(3) 文件 DSN：ODBC 文件数据源允许用户连接数据提供者。文件 DSN 可以由安装了相同驱动程序的用户共享。

(4) 驱动程序：ODBC 驱动程序允许那些支持 ODBC 的程序通过 ODBC 数据源获取信息。如果安装新的驱动程序，要使用其安装程序。

(5) 跟踪：ODBC 跟踪允许创建调用 ODBC 驱动程序的日志，以供技术人员查看；也可以辅助调试应用程序。例如，Visual Studio 跟踪启动 Microsoft Visual Studio 的 ODBC 跟踪。

(6) 连接池：连接池允许应用程序重新打开连接句柄，此操作将往返过程存入服务器。

在 Windows 搜索栏中搜索"管理工具"，打开管理工具，可以配置 ODBC 数据源，具体配置方法读者可以参考本书 3.6.2 小节，也可以参考其他资料。

二、JDBC 简介

1. JDBC 概述

JDBC(Java DataBase Connectivity)是用于执行 SQL 语句的 Java 应用程序接口，由一组用 Java 语言编写的类与接口组成，是一种底层 API。它使开发人员可以用纯 Java 语言编写完整的数据库应用程序。同时，利用 JDBC 写的程序能够自动地将 SQL 语句传送给几乎任何一种数据库管理系统(DBMS)。JDBC 也是一种规范，它让各数据库厂商为 Java 程序员提供标准的数据库访问类和接口，这样就使得独立于 DBMS 的 Java 应用开发工具和产品成为可能。它隔离了 Java 与不同数据库之间的对话，使得程序员只需写一遍程序就可让它在任何数据库管理系统平台上运行，使用已有的 SQL 标准，并支持其他数据库连接标准，如与 ODBC 之间的桥接等。应用、JDBC 和数据库的关系如图 C-2 所示。

图 C-2　Web 应用、JDBC 和数据库的关系

JDBC 的工作原理如图 C-3 所示，它包括两组接口，一组接口面向 Java 应用开发人员，另一组接口面向驱动程序编写人员。通过 JDBC API 可以完成以下三件事情：

(1) 建立与数据库管理系统的连接；

(2) 向服务器提交要执行的 SQL 语句；

(3) 处理返回的结果集。

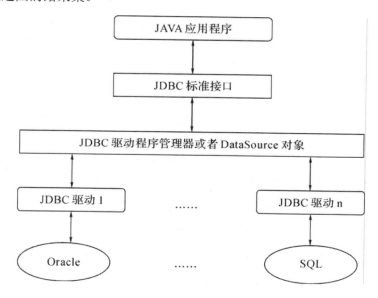

图 C-3　JDBC 的工作原理

2. 通过 JDBC 访问数据库

Java 通过 JDBC 访问数据库的驱动有四种类型，下面分别进行介绍。

(1) 类型 1 驱动程序：JDBC-ODBC 桥，通过 ODBC 数据源与数据库进行连接。如图 C-4 所示。

图 C-4　JDBC-ODBC 桥接模式访问数据库

(2) 类型 2 驱动程序：通过网络库进行连接的纯 Java 驱动程序，如图 C-5 所示。

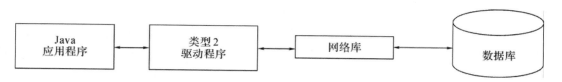

图 C-5　纯 Java 驱动程序模式访问数据库

(3) 类型 3 驱动程序：通过中间件服务器与数据库建立连接的驱动程序，如图 C-6 所示。

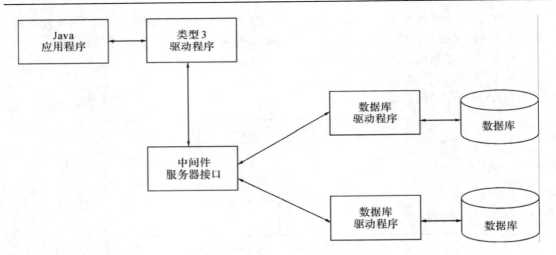

图 C-6　通过中间件服务器模式访问数据库

（4）类型 4 驱动程序：直接与数据库相连的纯 Java 驱动程序，如图 C-7 所示。

图 C-7　通过纯 Java 驱动程序模式访问数据库

　　JDBC API 接口的主要功能是与数据库建立连接、执行 SQL 语句、处理结果，它主要是供程序员调用的接口与类，集成在 java.sql 和 javax.sql 包中，如：

　　（1）Driver 类：用于读取数据库驱动器的信息，提供连接方法，建立访问数据库所用的 Connection 对象；

　　（2）DriverManager 类：依据数据库的不同，管理 JDBC 驱动和 Driver 对象，连接数据库，注册驱动程序，获得连接，向数据库发送信息；

　　（3）Connection 接口：连接 Java 数据库和 Java 应用程序之间的主要对象，负责连接数据库并担任传送数据的任务，创建所有的 Statement 对象，执行 SQL 语句；

　　（4）Statement 接口：由 Connection 产生，负责执行 SQL 语句，即代表了一个特定的容器对一个特定的数据库执行 SQL 语句；

　　（5）ResultSet 接口：负责保存 Statement 执行后所产生的查询结果，用于控制对一个特定语句的行数据也就是数据库中记录或行组成的集合的存取。

附录 D　系统开发工具的安装

一、IntelliJ IDEA 2018 的安装

IntelliJ IDEA 简称为 IDEA，是 Java 语言开发的集成环境。IntelliJ IDEA 在业界被公认为是最好的 Java 开发工具之一，尤其在智能代码助手、代码自动提示、重构、J2EE 支持、各类版本工具(git、svn、github 等)、JUnit、CVS 整合、代码分析、创新的 GUI 设计等方面的功能可以说是超常的。IDEA 是 JetBrains 公司的产品，这家公司总部位于捷克共和国的首都布拉格，开发人员大多是以严谨著称的东欧程序员。它的旗舰版本还支持 HTML、CSS、PHP、MySQL、Python 等，社区版只支持 Java 等少数语言。本书安装社区版。

下面以 Windows 10 操作系统为例介绍 IntelliJ IDEA 2018 的安装步骤。

(1) 进入官网(https://www.jetbrains.com/idea/download/#section = windows)下载 IntelliJ IDEA，如图 D-1 所示，左边 Ultimate(旗舰版)是收费的，右边 Community(社区版)是免费的，此处选择下载社区版。

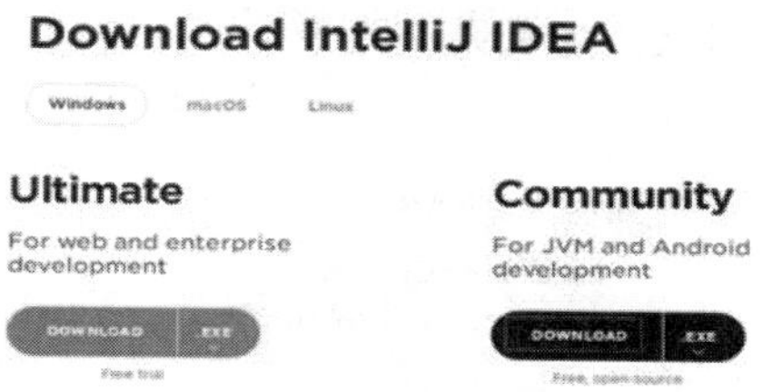

图 D-1　下载 IntelliJ IDEA 社区版

(2) 双击已下载文件，开始进行安装。进入欢迎界面，点击"next"继续，如图 D-2 所示。

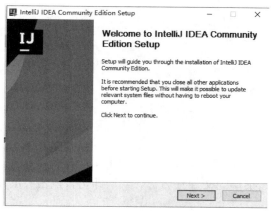

图 D-2　IntelliJ IDEA 欢迎界面

(3) 选择需要安装软件的目标文件路径(不建议安装在 C 盘)，点击 Browse 按钮或者手动输入地址，点击"next"继续，如图 D-3 所示。

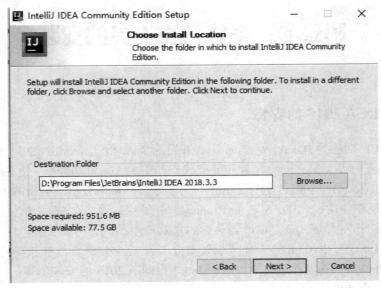

图 D-3　选择软件安装目录

(4) 选择是否创建桌面快捷键，界面如图 D-4 所示。左边第一栏是选择与系统一致的 INtelliJ IDEA 版本，包含 32 位和 64 位版本；第二栏是更新上下文菜单；第三栏是文件关联；右边是选择是否将软件目录添加到系统路径中；左下角则表示是否下载安装 32 版的 JRE。

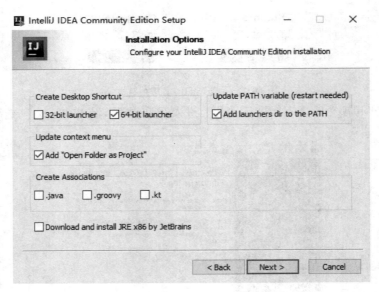

图 D-4　选择是否创建桌面快捷键

(5) 自定义输入开始菜单的文件夹名称，默认即可，点击"Install"按钮进行安装，如图 D-5 所示。

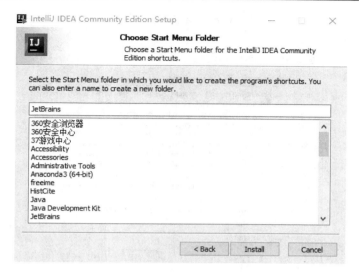

图 D-5 自定义开始菜单的文件夹名称

(6) 安装完成后如图 D-6 所示，点击"Finish"按钮。

图 D-6 安装完成

(7) 打开软件后，会弹出如图 D-7 所示的窗口，这里(第一次安装)选中"Do not import settings"，然后点击"OK"按钮。

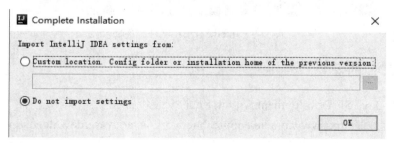

图 D-7 是否导入软件配置

(8) 接着会打开许可协议界面，需要看完(即滚动条拉到底部)才能够点击"Accept"按钮。如图 D-8 所示。

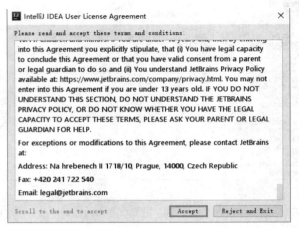

图 D-8　软件许可协议界面

(9) 在弹出的界面中根据情况选择发送还是不发送数据共享，此处可选择"不发送"，然后打开如图 D-9 所示的窗口，这里选择默认主题。至此安装完成。

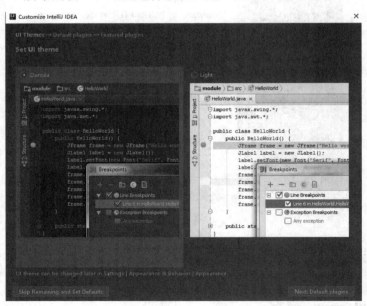

图 D-9　IntelliJ IDEA 软件主界面

二、Java SDK 的安装

Java SDK(Java SE Development Kit 8u181)的安装步骤如下：

(1) 进入官网(http://www.oracle.com/technetwork/java/javase/downloads/index.html)下载 jdk 安装包。进入 jdk 官网点击 Oracle Technology Network→Java→Java SE→Downloads，然后点击 Accept License Agreement，下载 Java SE(x64 是 64 位系统，x86 是 32 位系统)。

此处，操作系统是 64 位的 Windows10，所以下载了 jdk-8u181-windows-x64，如图 D-10 所示。如果是其他版本请自行根据需要下载。

jdk-8u181-windows-x64.exe　　　　2018/7/18 13:57　　　应用程序　　　207,601 KB

图 D-10　Java SDK 安装包

　　(2) 双击运行 jdk-8u181-windows-x64.exe，在安装程序对话框里一直点击"下一步"(本书以默认安装为例)，直到成功安装，关闭即可。安装主要过程图如图 D-11 所示。

图 D-11　Java SDK 安装主要过程图

参 考 文 献

[1] Connolly T M，等. 数据库设计教程[M]. 2 版. 何玉洁，等译. 北京：机械工业出版社，2005.

[2] Connolly T M，Begg C. 数据库系统：设计、实现与管理(基础篇)[M]. 6 版. 宁洪，等译. 北京：机械工业出版社，2019.

[3] 张红娟，傅婷婷. 数据库原理[M]. 4 版. 西安：西安电子科技大学出版社，2016.

[4] 周爱武，汪海威，肖云. 数据库课程设计[M]. 2 版. 北京：机械工业出版社，2019.

[5] 陈根才，孙建伶. 数据库课程设计. 杭州：浙江大学出版社，2007.

[6] Hoffer J A. 数据库系统基础教程[M]. 3 版. 岳丽华，译. 北京：机械工业出版社，2016.

[7] 陆慧娟，高波涌，刘丽娟，等. 数据库设计与应用开发实践[M]. 北京：清华大学出版社，2014.

[8] Whitten J L，等. 系统分析与设计导论[M]. 肖钢，等译. 北京：机械工业出版社，2012.

[9] Frost. 数据库设计与开发[M]. 邱海艳，等译. 北京：清华大学出版社，2007.

[10] 梁玉英，江涛，等. SQL Server 数据库设计与项目实践[M]. 北京：清华大学出版社，2015.

[11] 高洪岩. 至简 SSH：精通 Java Web 实用开发技术 [M]. 北京：电子工业出版社，2014.

[12] 刘中兵. 开发者突击：Java Web 主流框架整合开发(J2EE + Struts + Hibernate + Spring) [M]. 北京：电子工业出版社，2011：46-68.

[13] 埃克尔. Thinking In Java [M]. 陈昊鹏，译. 北京：机械工业出版社，2013.

[14] 李刚. Java 数据库技术详解[M]. 北京：化学工业出版社，2010.

[15] 王晓悦. 精通 Java：JDK、数据库系统开发、Web 开发[M]. 北京：人民邮电出版社，2012.

[16] Liang Y D. Java 语言程序设计： 进阶篇 [M]. 李娜，译. 北京：机械工业出版社，2011.

[17] 韩陆. Java 核心技术系列[M]. 北京：机械工业出版社，2014.

[18] Horstmann C S，Cornell G. Java 核心技术——卷 I：基础知识[M]. 北京：人民邮电出版社，2015.

[19] Horstmann C S，Cornell G. Java 核心技术——卷 II：高级特性[M]. 北京：人民邮电出版社，2015.

[20] 叶核亚. Java 程序设计实用教程[M]. 5 版. 北京：电子工业出版社，2019.

[21] 王世民，王雯，刘新亮. 数据库原理与设计：基于 SQL Server 2012[M]. 北京：清华大学出版社，2014.